Ae

After Effects CC
案例设计与经典插件

视频
教学版

王岩 编著

机械工业出版社
China Machine Press

图书在版编目（CIP）数据

After Effects CC案例设计与经典插件：视频教学版/王岩编著. —北京：机械工业出版社，2020.9

ISBN 978-7-111-66556-4

Ⅰ.①A… Ⅱ.①王… Ⅲ.①图像处理软件 Ⅳ.①TP391.413

中国版本图书馆CIP数据核字（2020）第178786号

本书以After Effects CC 2019为基础，从实际应用角度出发，介绍各种影视后期制作方法。为了帮助读者提高视频制作的水平，本书精心挑选了30个涉及影视片头、栏目包装、传统视频、手机短视频等领域的大型案例，讲解如何运用After Effects的各项功能，并结合使用Trapcode Particular、Optical Flares、Element 3D等十多种经典插件，来制作这些具有一流视觉效果并能直接在各种媒体上投放的影视作品。只要读者能够掌握这些案例的制作方法，就可以打通晋升为视频制作高手的"任督二脉"。

本书提供的学习资源包括书中综合案例的制作素材和工程文件、相关的教学视频，读者可以通过在线方式获取这些学习资源。

After Effects CC案例设计与经典插件（视频教学版）

出版发行：机械工业出版社（北京市西城区百万庄大街22号　邮政编码：100037）

责任编辑：迟振春　　　　　　　　　　　　　　责任校对：闫秀华

印　　刷：中国电影出版社印刷厂　　　　　　　版　　次：2020年10月第1版第1次印刷

开　　本：188mm×260mm 1/16　　　　　　　印　　张：11.75

书　　号：ISBN 978-7-111-66556-4　　　　　　定　　价：79.00元

客服电话：（010）88361066　88379833　68326294　　　　投稿热线：（010）88379604

华章网站：www.hzbook.com　　　　　　　　　　　读者信箱：hzit@hzbook.com

前　言

　　本书是一本专为影视后期制作人员编写的实例型图书。为了方便读者学习，帮助读者提高视频制作的水平，本书根据视频构成元素的顺序安排各个章节，同时每个实例各有侧重。

　　第1章重点讲解制作各种质感的文字和标题动画的方法，包括制作比较常见的文字扫光效果、三维金属文字，以及当前流行的快闪标题动画。

　　第2章讲解使用After Effects CC自带功能和外挂插件来制作粒子光斑、镜头光晕、真实地球背景等动态视频的方法，让读者摆脱到处寻找素材的烦恼和对现成素材的过度依赖。

　　第3章重点讲解制作各种视频转场效果的方法，让视频内容更具条理性和观赏性。

　　第4章讲解几种调整影片色调和氛围的手法，为视频添加独特的视觉效果。

　　第5章讲解制作综合性和实用性都非常强的开场标志（LOGO）演绎动画的方法，让读者能够制作出专属于自己的视觉形象。

　　第6章介绍几个竖屏视频的制作实例，喜欢手机短视频的读者可以从中获得灵感，制作出胜人一筹的特效。

　　本书的内容源于实践，涵盖面广，讲解细致，特别适合喜欢制作视频且想提高制作水平的读者阅读。对于想要或正在从事影视动画后期制作与合成工作的读者来说，本书也是一本不错的参考书。

附赠素材使用说明

　　本书附赠的素材和教学视频可以登录机械工业出版社华章公司的网站（www.hzbook.com）下载，方法是：搜索到本书，然后在页面上的"资料下载"模块下载即可。

　　若下载有问题，请发送电子邮件到booksaga@126.com，邮件主题为"After Effects CC案例设计与经典插件（视频教学版）"。

作　者

2020年7月10日

目录

前言

第1章 文字标题动画

第2章 动态背景视频

第3章 精彩转场特效

第4章 调色与氛围处理

第5章 开场标志演绎视频

第6章 竖屏手机视频

文字标题动画

在一部视频作品中，图像、声音、文字和特效都是不可缺少的构成元素。视频中的文字大多以标题和字幕的形式出现，既能起到说明和强调的作用，又能给观众带来视觉上的美感。本章将讲解如何使用After Effects及其插件制作各种类型的文字动画，还将详细介绍模拟材料质感和制作酷炫标题特效的方法。

1.1 快闪标题动画

实例简介

文字快闪具有快速紧凑、节奏感强的特点。本例制作的快闪片头简单易学，背景和文本动画全部使用关键帧和文本动画工具制作，在各种类型的片头、宣传视频中都可以运用，效果如图1-1所示。

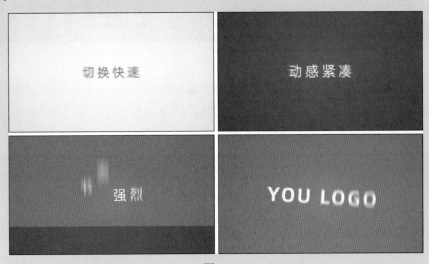

图1-1

素材文件：附赠素材/工程文件/1.1快闪标题动画

教学视频：附赠素材/视频教学/1.1快闪标题动画

1.1.1 创建动画背景

01
运行After Effects软件后按快捷键Ctrl+N新建合成，设置合成名称为【MAIN】，【持续时间】为0:00:07:00，在【预设】下拉菜单中选择【HDTV 1080 24】。单击【高级】选项卡，设置【快门角度】参数为360°，【每帧样本】参数为32，单击【确定】按钮完成设置，如图1-2所示。

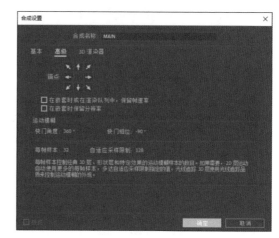

图1-2

02
按快捷键Ctrl+Y新建纯色图层，设置纯色图层的名称为【BG1】，颜色值为#EAEAEA。然后设置纯色图层的出点为0:00:01:06，按快捷键Ctrl+D复制图层。选中复制的图层，执行【图层】菜单中的【纯色设置】命令，将颜色值修改为#303030，并设置【BG2】图层的入点为0:00:01:06，出点为0:00:02:07，如图1-3所示。

图1-3

03
复制【BG2】图层并修改【BG3】图层的颜色值为#E84949，设置其入点为0:00:01:23，出点为0:00:02:22。然后复制【BG3】图层并修改【BG4】图层的颜色值为#EAEAEA，设置其入点为0:00:02:22，出点为0:00:03:08，如图1-4所示。

图1-4

04
继续复制【BG4】图层并修改【BG5】图层的颜色值为#E84949，设置其入点为0:00:03:08，出点为0:00:04:08。然后复制【BG5】图层并修改【BG6】图层的颜色值为#303030，设置其入点为0:00:04:00，出点为0:00:05:19。再复制【BG6】图层并修改【BG7】图层的颜色值为#E84949，设置其入点为0:00:05:11，出点为最后一帧，如图1-5所示。

图1-5

05 将时间指示器拖曳到0:00:01:23，展开【BG3】图层的【变换】选项组，设置【位置】参数为（960，—140）并单击时间变化秒表创建关键帧。将时间指示器拖曳到0:00:02:07，修改【位置】参数为（960，540），如图1-6所示。

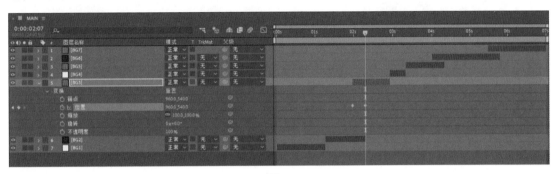

图1-6

06 将时间指示器拖曳到0:00:04:00，展开【BG6】图层的【变换】选项组，设置【位置】参数为（960，1240）并单击时间变化秒表创建关键帧。将时间指示器拖曳到0:00:04:08，修改【位置】参数为（960，540），如图1-7所示。

图1-7

07 将时间指示器拖曳到0:00:05:11，展开【BG7】图层的【变换】选项组，设置【位置】参数为（960，—140）并单击时间变化秒表创建关键帧。将时间指示器拖曳到0:00:05:19，修改【位置】参数为（960，540），如图1-8所示。

图1-8

1.1.2 设置文本动画

01 在【字符】面板中设置字体为【阿里巴巴普惠体】，字体样式为【Regular】，字体大小为130像素，字符间距为200，填充颜色值为#E84949，如图1-9所示。

02 按快捷键Ctrl+T激活【文本工具】，在合成视图上单击并输入【切换快速】文字内容。按快捷键Ctrl+Alt+Home将锚点移动到文本中心，并单击【对齐】面板中的【水平居中对齐】和【垂直居中对齐】按钮，结果如图1-10所示。

图1-9

图1-10

03 将文本图层拖曳到【BG1】图层上方，并与【BG1】图层的时间线对齐。将时间指示器拖曳到0:00:00:11，展开文本图层的【变换】选项组，设置【缩放】参数为（0，0）%并单击时间变化秒表创建关键帧。将时间指示器拖曳到0:00:00:19，修改【缩放】参数为（100，100）%，如图1-11所示。

04 复制一个文本图层并修改文本内容为【动感紧凑】，填充颜色为白色，同时将其拖曳到【BG2】图层的上方并对齐时间线。然后展开【变换】选项组，将【缩放】参数的第一个关键帧拖曳到0:00:01:06，修改数值为（440，440）%，将第二个关键帧拖曳到0:00:01:14，如图1-12所示。

图1-11

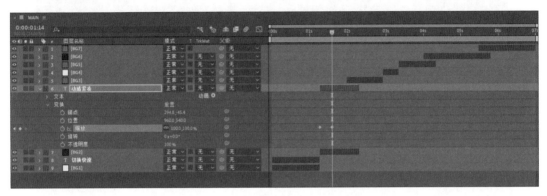

图1-12

05 再次复制文本图层并修改文本内容为【节奏强烈】，同时将其拖曳到【BG3】图层上方并对齐时间线。然后展开【变换】选项组，单击【缩放】参数的时间变化秒表删除关键帧，将数值设置为（100，100）%，如图1-13所示。

06 单击【文本】选项组右侧的【动画】按钮，在弹出的列表中选择【位置】。在【动画制作工具1】选项组中设置【位置】参数为（0，−600）。展开【高级】选项组，在【形状】下拉列表中选择【上斜坡】，设置【缓和低】参数为50%，【随机排序】为【开】，如图1-14所示。

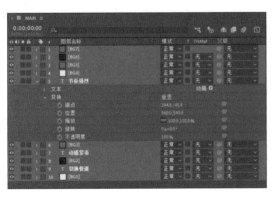

图1-13

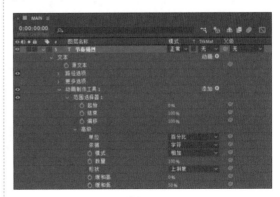

图1-14

07 STEP 将时间指示器拖曳到0:00:01:23，展开【范围选择器1】选项组，设置【偏移】参数为－100%并创建关键帧。将时间指示器拖曳到0:00:02:07，设置【偏移】参数为100%，如图1-15所示。

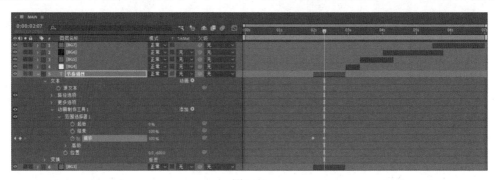

图1-15

08 STEP 选择【节奏强烈】图层，单击【文本】选项组右侧的【动画】按钮，在弹出的列表中选择【行锚点】，继续单击【动画制作工具2】选项组右侧的【添加】按钮，在弹出的列表中选择【属性/字符间距】。将时间指示器拖曳到0:00:02:14，单击【字符间距大小】的时间变化秒表创建关键帧；将时间指示器拖曳到0:00:02:22，设置【字符间距大小】参数为－170，如图1-16所示。

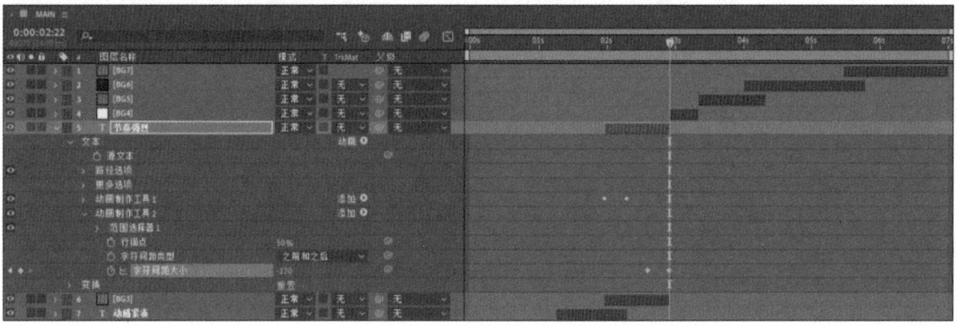

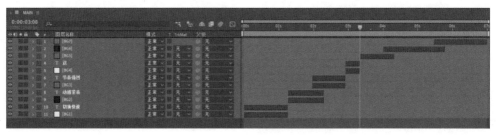

图1-16

09 STEP 在时间轴面板的空白位置单击，取消对所有图层的选取，然后在【字符】面板中设置字体样式为【Light】，字体大小为220像素，填充颜色值为#E84949。在时间轴面板的空白位置单击鼠标右键，在弹出的快捷菜单中选择【新建/文本】，输入【这】文本内容后将文本图层拖曳到【BG4】图层上方并对齐时间线，如图1-17所示。按快捷键Ctrl+Alt+Home将锚点移动到文本中心。

图1-17

10 复制【这】图层并修改文本内容为【就是】，填充颜色为白色，然后将复制的图层拖曳到【BG5】图层上方并对齐时间线。单击【文本】选项组右侧的【动画】按钮，在弹出的列表中选择【行锚点】，继续单击【动画制作工具1】选项组右侧的【添加】按钮，在弹出的列表中选择【属性/字符间距】。将时间指示器拖曳到0:00:03:08，设置【字符间距大小】参数为−270后创建关键帧；将时间指示器拖曳到0:00:03:16，设置【字符间距大小】参数为0，如图1-18所示。

图1-18

11 复制【节奏强烈】图层并修改文本内容为【快闪文字标题】，然后将复制的图层拖曳到【BG6】图层上方并对齐时间线，展开【文本/动画制作工具1】选项组，设置【位置】参数为（0，600），如图1-19所示。

图1-19

12 单击【动画制作工具2】选项组右侧的【添加】按钮，在弹出的列表中选择【属性/缩放】。将时间指示器拖曳到0:00:04:16，单击【缩放】参数的时间变化秒表创建关键帧，然后将【字符间距大小】参数的第一个关键帧拖曳到相同位置。将时间指示器拖曳到0:00:05:00，设置【缩放】参数为（75，75）%，然后将【字符间距大小】参数的第二个关键帧拖曳到相同位置，并修改数值为−30，如图1-20所示。

13 将时间指示器拖曳到0:00:05:00，按快捷键Y激活【向后平移（锚点）工具】，在合成视图中将锚点移动到文本框架的左下角。展开【变换】选项组，单击【位置】和【旋转】参数的时间变化秒表创建关键帧。将时间指示器拖曳到0:00:05:11，设置【位置】参数为（605，534），【旋转】参数为（0×−4°）；将时间指示器拖曳到0:00:05:19，设置【位置】参数为（605，1225），如图1-21所示。

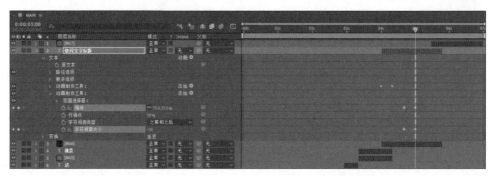

图1-20

图1-21

14 在【字符】面板中设置字体样式为
STEP 【Bold】，字体大小为180像素，字符间距
为100。新建一个文本图层后输入【YOU
LOGO】，并将文本图层的时间线与【BG7】图
层对齐。激活【向后平移（锚点）工具】，
在合成视图中将锚点移动到文本框架的左下
角，如图1-22所示。

图1-22

15 将时间指示器拖曳到0:00:05:11，展开【变换】选项组，设置【位置】参数为（450，
STEP 0）并单击时间变化秒表创建关键帧；将时间指示器拖曳到0:00:05:16，设置【位置】参数为
（450，600），如图1-23所示。

图1-23

16 将时间指示器拖曳到0:00:05:15，设置【旋转】参数为（0×−12°）并创建关键帧；
将时间指示器拖曳到0:00:05:19，设置【旋转】参数为（0×+8°）；将时间指示器拖曳到
0:00:05:23，设置【旋转】参数为（0×+0°）。选中所有关键帧，按快捷键F9将关键帧插值设
置为贝塞尔曲线，如图1-24所示。

图1-24

17 按快捷键Ctrl+I导入附赠素材中的
【Audio.mp3】文件，然后将【项目】面板中
的背景音乐拖曳到时间轴面板上。单击时间轴
面板下方的【切换开关/模式】按钮，开启所
有文本图层的运动模糊开关，如图1-25所示。

图1-25

1.1.3 添加调整图层

01 按快捷键Ctrl+Alt+Y创建调整图层，
执行【效果】菜单中的【生成/梯度渐变】
命令，在【效果控件】面板的【渐变形状】
下拉列表中选择【径向渐变】并单击【交换
颜色】按钮，然后设置【渐变起点】参数为
（960，540），【渐变终点】参数为（960，
2000），【与原始图像混合】参数为85%，如
图1-26所示。

图1-26

02 执行【效果】菜单中的【模糊和锐化/锐
化】命令，在【效果控件】面板中设置【锐化
量】参数为10。执行【效果】菜单中的【杂
色和颗粒/杂色】命令，在【效果控件】面板
中设置【杂色数量】参数为3.0%。继续执行
【效果】菜单中的【颜色校正/色相/饱和度】
命令，在【效果控件】面板中设置【主色相】
参数为（0×+3.0°），【主饱和度】参数为
30，【主亮度】参数为10，如图1-27所示。

图1-27

1.2 文字过光效果

实例简介

本例制作的文字动画可以分为两部分：动画的前半部分，文字会以类似笔刷涂抹的方式逐
渐显示并形成完整的标题；动画的后半部分会有两道光线从文字表面依次划过。效果如图1-28
所示。这种过光动画制作起来比较简单，与其他特效配合使用效果更好，在各种类型的片头视
频中应用非常广泛。

图1-28

素材文件：附赠素材/工程文件/1.2文字过光效果

教学视频：附赠素材/视频教学/1.2文字过光效果

1.2.1 制作渐显动画

01 运行After Effects软件后按快捷键Ctrl＋
N新建合成，设置合成名称为【LOGO】，
【宽度】参数为1920，【高度】参数为
1080，【持续时间】为0:00:09:00。在【字
符】面板中设置字体为【Arial】，字体样式为
【Bold】，字体大小为120像素，字符间距为
50，如图1-29所示。

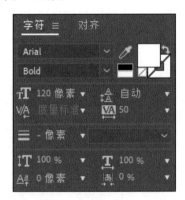

图1-29

02 按快捷键Ctrl＋T激活【文本工具】T，
在合成视图上输入【LOGO REVEAL】，并单击
【对齐】面板中的【水平居中对齐】按钮。
执行【效果】菜单中的【生成/梯度渐变】命
令，在【效果控件】面板中设置【渐变起点】
参数为（930，320），【渐变终点】参数为
（930，720）；在【渐变形状】下拉列表中
选择【径向渐变】，设置【起始颜色】值为
#E3E3E3，【结束颜色】值为#787878，如图
1-30所示。

图1-30

03 执行【效果】菜单中的【生成/勾画】命
令，在【效果控件】面板中的【混合模式】下
拉列表中选择【模板】，设置【片段】参数为
1，【起始点不透明度】参数为0，【结束点不
透明度】参数为1，如图1-31所示。

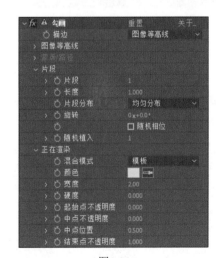

图1-31

04 将时间指示器拖曳到0:00:00:10，设置【长度】参数为0，【宽度】参数为40，并为这两
个参数创建关键帧；将时间指示器拖曳到0:00:04:12，修改【长度】参数为1，【宽度】参数为
10，如图1-32所示。

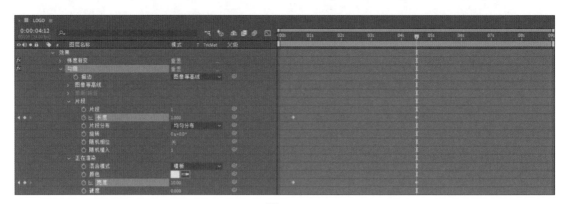

图1-32

05 STEP 将时间指示器拖曳到0:00:00:10，执行【效果】菜单中的【模糊和锐化/高斯模糊】命令，在【效果控件】面板中设置【模糊度】参数为50并创建关键帧；将时间指示器拖曳到0:00:01:12，修改【模糊度】参数为0，如图1-33所示。

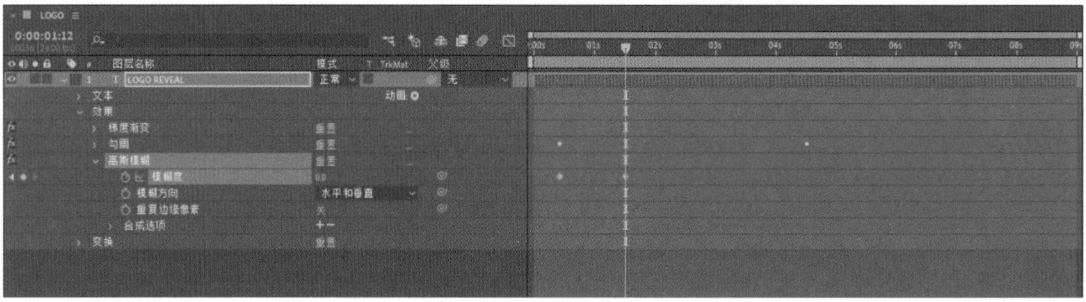

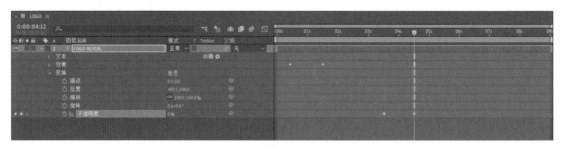

图1-33

06 STEP 执行【效果】菜单中的【风格化/发光】命令，在【效果控件】面板中设置【发光阈值】参数为56，【发光半径】参数为17。展开【变换】选项组，将时间指示器拖曳到0:00:03:12，单击【不透明度】参数的时间变化秒表创建关键帧；将时间指示器拖曳到0:00:04:12，设置【不透明度】参数为0，如图1-34所示。

图1-34

07 STEP 按快捷键Ctrl＋D复制文本图层，然后展开复制图层的【效果】选项组，按Delete键将【勾画】【高斯模糊】和【发光】效果删除。展开【变换】选项组，将【不透明度】参数的第一个关键帧移动到0:00:02:12后修改数值为0，并修改第二个关键帧的数值为100%，如图1-35所示。

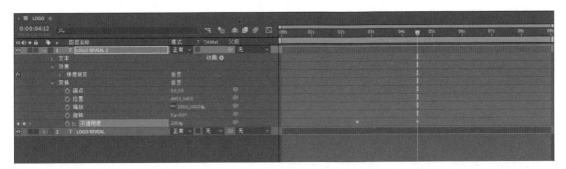

图1-35

1.2.2 制作过光动画

01 按快捷键Ctrl＋Alt＋Y创建调整图层，然后执行【效果】菜单中的【生成／CC Light Sweep】命令，在【效果控件】面板中设置【Center】参数为（30，310），【Direction】参数为（0×＋33°），【Width】参数为110，【Sweep Intensity】参数为30，【Edge Thickness】参数为1，【Light Color】为白色，如图1-36所示。

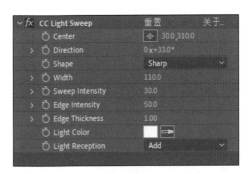

图1-36

02 将时间指示器拖曳到0:00:04:00，单击【Center】参数的时间变化秒表创建关键帧；将时间指示器拖曳到0:00:06:00，修改【Center】参数为（1860，310），如图1-37所示。

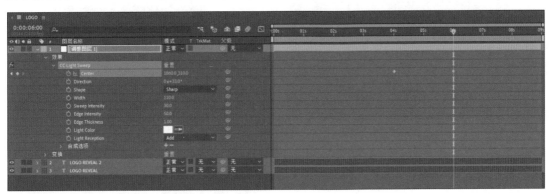

图1-37

03 按快捷键Ctrl＋D复制一个调整图层，设置复制图层的【Width】参数为23，【Sweep Intensity】参数为60。然后将【Center】参数的第一个关键帧拖曳到0:00:05:00，将第二个关键帧拖曳到0:00:07:00并修改【Center】参数为（1600，310），如图1-38所示。

图1-38

1.2.3 添加调整图层

01 按快捷键Ctrl＋N新建合成，设置合成名称为【MAIN】。按快捷键Ctrl＋I从附赠素材的footage文件夹中导入所有文件，然后将【项目】面板中的【Audio.mp3】【Background.jpg】和【LOGO】合成拖曳到时间轴面板上，设置【Background.jpg】图层的混合模式为【屏幕】。单击时间轴面板下方的【切换开关/模式】按钮，开启3D图层开关，如图1-39所示。

02 选中【Background.jpg】图层，执行【效果】菜单中的【颜色校正/曲线】命令，在【效果控件】面板中参照图1-40所示调整混合曲线的形状。在时间轴面板中展开【变换】选项组，设置【不透明度】参数为40%。选中【LOGO】图层，执行【效果】菜单中的【风格化/发光】命令，在【效果控件】面板中设置【发光阈值】参数为80，【发光半径】参数为30。

图1-39

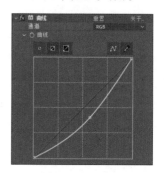

图1-40

03 新建一个调整图层，然后执行【图层】菜单中的【蒙版/新建蒙版】命令。展开【蒙版】选项组，勾选【反转】复选框，设置【蒙版羽化】参数为（600，600）像素，【蒙版扩展】参数为55像素，如图1-41所示。

图1-41

04 执行【效果】菜单中的【颜色校正/曲线】命令，在【效果控件】面板中参照图1-42所示调整混合曲线的形状。

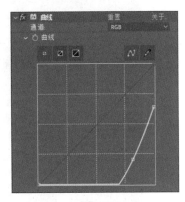

图1-42

05 按快捷键Ctrl＋Y新建一个纯色图层，并设置图层颜色为黑色。展开【变换】选项组，将时间指示器拖曳到0:00:00:06，单击【不透明度】参数的时间变化秒表创建关键帧；将时间指示器拖曳到0:00:00:12，修改【不透明度】参数为0；将时间指示器拖曳到0:00:07:12，单击时间变化秒表左侧的◇按钮添加一个关键帧；将时间指示器拖曳到0:00:08:12，修改【不透明度】参数为100%，如图1-43所示。

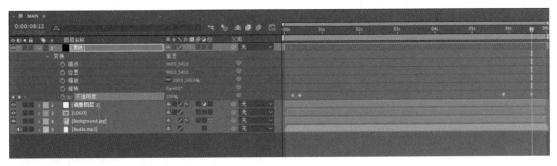

图1-43

1.3 文字扫光效果

实例简介

过光效果模拟的是文字受到光源照射后表面产生的高光，扫光效果模拟的则是光线受到文字遮挡后产生的体积光效果，两者都是应用频率很高的标题特效，如图1-44所示。After Effects提供了专门用于制作扫光的内置特效，制作起来非常简单。

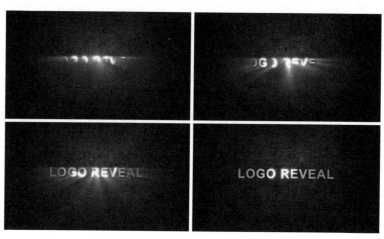

图1-44

素材文件：附赠素材/工程文件/1.3文字扫光效果

教学视频：附赠素材/视频教学/1.3文字扫光效果

1.3.1 制作扫光动画

01 我们使用上一个实例制作的项目，打
STEP 开附赠素材中的【开始场景.aep】文件，
将【项目】面板中的【LOGO】合成拖曳到
【LOGO】图层下方。选中新添加的图层，
执行【效果】菜单中的【模糊和锐化/CC
Radial Fast Blur】命令，在【效果控件】面
板中展开【效果/CC Radial Fast Blur】选项
组，设置【Center】参数为（966，455），
【Amount】参数为95，如图1-45所示。

图1-45

02 展开【变换】选项组，将时间指示器拖曳到0:00:03:00，单击【不透明度】的时间变化秒
STEP 表创建关键帧；将时间指示器拖曳到0:00:05:00，设置【不透明度】参数为0，如图1-46所示。

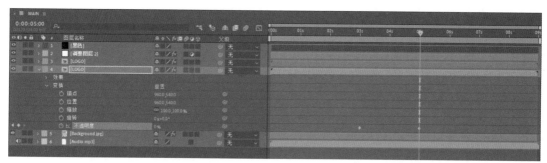

图1-46

1.3.2 设置摄像机动画

01 STEP 在时间轴面板的空白位置单击鼠标右键，在弹出的快捷菜单中选择【新建/摄像机】命令，打开【摄像机设置】对话框，设置【焦距】参数为（24，1550）毫米，【光圈大小】参数为5.7，【模糊层次】参数为400%，并在【量度胶片大小】下拉列表中选择【对角】，如图1-47所示。

02 STEP 开启两个【LOGO】图层和【Background.jpg】图层的3D图层开关，并开启【Background.jpg】图层的运动模糊开关，如图1-48所示。展开摄像机图层的【摄像机选项】选项组，设置【缩放】和【焦距】参数均为2000。

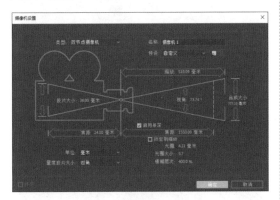

图1-47

图1-48

03 STEP 展开【变换】选项组，设置【位置】参数为（960，540，−9000）并创建关键帧。将时间指示器拖曳到0:00:00:12，设置【位置】参数为（960，540，−2000）；将时间指示器拖曳到0:00:08:12，设置【位置】参数为（960，540，−1800），如图1-49所示。

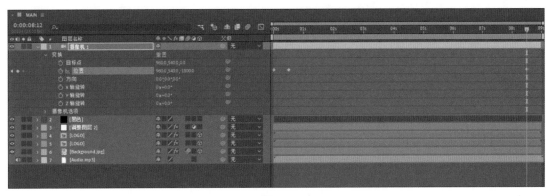

图1-49

04 选中第二个关键帧并单击鼠标右键，在弹出的快捷菜单中选择【关键帧插值】，打开【关键帧插值】对话框，在【空间插值】下拉列表中选择【线性】，如图1-50所示。

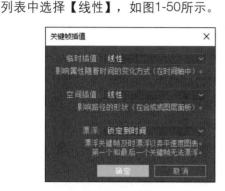

图1-50

05 按快捷键Ctrl＋Alt＋Y创建一个调整图层，然后执行【效果】菜单中的【颜色校正/CC Toner】命令，在【效果控件】面板中设置【Blend w. Original】参数为70%，如图1-51所示。

图1-51

06 执行【效果】菜单中的【模糊和锐化/高斯模糊】命令，在【效果控件】面板中展开【效果/高斯模糊】选项组，设置【模糊度】参数为200并创建关键帧。将时间指示器拖曳到0:00:00:12，设置【模糊度】参数为0。执行【效果】菜单中的【模糊和锐化/锐化】命令，在【效果控件】面板中设置【锐化量】参数为10。继续执行【效果】菜单中的【颜色校正/亮度和对比度】命令，在【效果控件】面板中设置【亮度】参数为20，如图1-52所示。

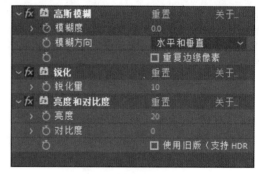

图1-52

1.4 三维金属文字

实例简介

在制作视频中的文字标题时，经常需要模拟金属、玻璃、岩石等材料的质感。本例将利用After Effects的内置特效和图层样式制作具有立体感的金属文字，这种制作方式的优点是操作比较简单，而且无须使用贴图和插件，效果如图1-53所示。

图1-53

 素材文件：附赠素材/工程文件/1.4三维金属文字

教学视频：附赠素材/视频教学/1.4三维金属文字

1.4.1 制作三维文字

01 STEP 运行After Effects软件后按快捷键Ctrl＋N新建合成，设置合成名称为【TEXT 1】，【持续时间】为0:00:03:18，并在【预设】下拉菜单中选择【HDTV 1080 24】。在【字符】面板中设置字体为【Arial】，字体样式为【Bold Italic】，字体大小为130像素，字符间距为100，如图1-54所示。

02 STEP 按快捷键Ctrl＋T激活【文本工具】T，在合成视图上输入【MOTIVATIONAL】，按快捷键Ctrl＋Alt＋Home将锚点移动到文本中心，单击【对齐】面板中的【水平居中对齐】 ＝ 和【垂直居中对齐】 ＝ 按钮，结果如图1-55所示。

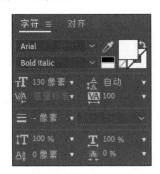

图1-54

图1-55

03 STEP 在时间轴面板中单击【文本】选项组右侧的【动画】按钮，在弹出的列表中选择【行锚点】。单击【动画制作工具1】选项组右侧的【添加】按钮，在弹出的列表中选择【属性/字符间距】。将时间指示器拖曳到0:00:00:10，设置【字符间距大小】参数为50并创建关键帧；将时间指示器拖曳到最后一帧，设置【字符间距大小】参数为0，如图1-56所示。

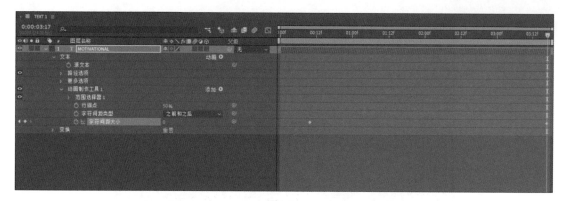

图1-56

04 再次按快捷键Ctrl＋N新建合成，设置合成名称为【3D TEXT 1】。将【项目】面板中的
STEP 【TEXT 1】合成拖曳到新建合成的时间轴面板上，然后打开3D图层和运动模糊开关。展开【变
换】选项组，设置【位置】参数为（960，540，－2800）并创建关键帧；将时间指示器拖曳到
0:00:00:10，设置【位置】参数为（960，540，0），如图1-57所示。

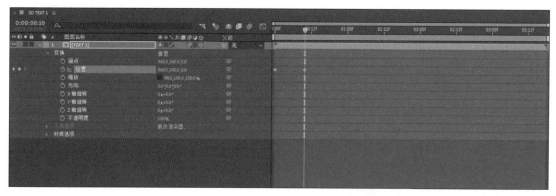

图1-57

05 执行【效果】菜单中的【杂色和颗粒/
STEP 分形杂色】命令，在【效果控件】面板中勾
选【反转】复选框，设置【对比度】参数为
120，【亮度】参数为－5。展开【变换】选
项组，设置【旋转】参数为（0×＋26°），
【复杂度】参数为15，【不透明度】参数
为50%，并在【混合模式】下拉列表中选择
【无】，如图1-58所示。

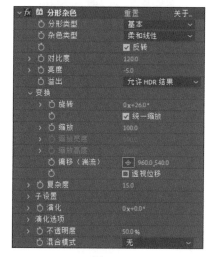

图1-58

06 执行【图层】菜单中的【图层样式/内阴影】命令,然后在时间轴面板中展开【内阴影】选项组,在【混合模式】下拉列表中选择【变暗】,设置【使用全局光】为【开】,【角度】参数为(0×-17°),如图1-59所示。

图1-59

08 按快捷键Ctrl+D复制文本图层,并将复制的文本图层调整到原图层的下方,然后将分形杂色效果删除。展开【图层样式】选项组,将【内阴影】样式删除。执行【图层】菜单中的【图层样式/内发光】命令,在时间轴面板中展开【内发光】选项组,设置【颜色】为白色,【大小】参数为8,如图1-61所示。

图1-61

07 执行【图层】菜单中的【图层样式/渐变叠加】命令,然后在时间轴面板中展开【渐变叠加】选项组,在【混合模式】下拉列表中选择【叠加】。单击【编辑渐变】打开渐变编辑器,设置第一个色标的颜色值为#797878,设置第二个色标的颜色值为#5A5A5A。在色盘下方单击创建一个新色标,设置【位置】参数为50%,颜色值为#C5C5C5,如图1-60所示。

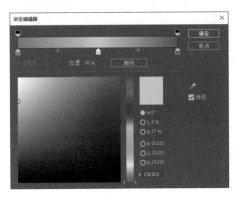

图1-60

09 展开【渐变叠加】选项组,在【混合模式】下拉列表中选择【正常】。单击【编辑渐变】打开渐变编辑器,设置第一个色标的颜色值为#2D2D2D,设置第二个色标的颜色值为#DBDBDB,设置第三个色标的颜色值为#585858。展开【变换】选项组,取消【缩放】参数的链接并设置数值为(99.5,100,100)%,如图1-62所示。

图1-62

10 再次复制文本图层，并将复制的图层拖曳到时间轴面板的底层。展开复制图层的【图层样式】选项组，将【内发光】样式删除。在【渐变叠加】选项组中单击【编辑渐变】，设置第二个色标的颜色值为#949494。展开【变换】选项组，设置【缩放】参数为（98，100，100）%，如图1-63所示。

11 按快捷键Ctrl＋Alt＋Y创建一个调整图层，并将调整图层拖曳到最后一个【TEXT 1】图层的上方。执行【效果】菜单中的【颜色校正/色调】命令，在【效果控件】面板中展开【色调】选项组，设置【将黑色映射到】颜色值为#9E1F06，【将白色映射到】颜色值为黑色，如图1-64所示。

图1-63

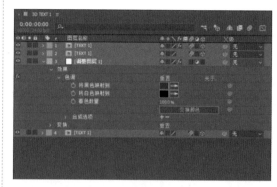

图1-64

1.4.2 替换文本内容

01 在【项目】面板中复制【TEXT 1】和【3D TEXT 1】合成，然后双击【TEXT 2】合成，并将文本修改为【TRAILER】。双击【3D TEXT 2】合成，选中时间轴面板中的【TEXT 1】图层，按住Alt键将【项目】面板中的【TEXT 2】合成拖曳到选中的图层上进行替换，如图1-65所示。

02 重复步骤01的操作，使用【TEXT 2】合成替换其余的【TEXT 1】图层，展开4#图层的【变换】选项组，设置【缩放】参数为（97，100，100）%，如图1-66所示。

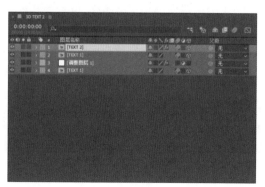

图1-65

图1-66

03 重复步骤01和步骤02的操作，复制5个TEXT和3D TEXT合成，然后修改文本图层的标题文字并设置字体为【思源黑体CN】，字体样式为【Medium】。双击【项目】面板中的【TEXT 3】合成，展开【动画制作工具1】选项组，将【字符间距大小】的第二个关键帧拖曳到0:00:01:20的位置，如图1-67所示。使用相同的方法调整【TEXT 4】～【TEXT 6】合成的关键帧。

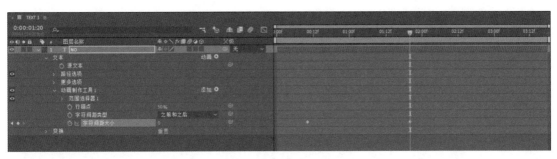

图1-67

04 执行【合成】菜单中的【合成设置】命令，将【3D TEXT 7】和【TEXT 7】合成的【持续时间】设置为0:00:05:18，然后将时间条的长度调整为与持续时间相同，如图1-68所示。

图1-68

1.4.3 合成完整影片

01 按快捷键Ctrl＋N新建合成，设置【持续时间】为0:00:22:12。按快捷键Ctrl＋I从附赠素材的footage文件夹中导入所有文件，将【项目】面板中的【3D TEXT】合成、【Background.mp4】和【Audio.mp3】拖曳到时间轴面板中，参考图1-69所示调整合成的时间线。

图1-69

02 按快捷键Ctrl＋Y新建黑色的纯色图层。展开【变换】选项组，将时间指示器拖曳到0:00:14:06，设置【不透明度】参数为0并创建关键帧；将时间指示器拖曳到0:00:14:20，修改【不透明度】参数为100%，在0:00:16:00的位置添加一个关键帧；将时间指示器拖曳到0:00:16:18，修改【不透明度】参数为0，在0:00:21:00的位置添加一个关键帧；将时间指示器拖曳到0:00:22:10，修改【不透明度】参数为100%，如图1-70所示。

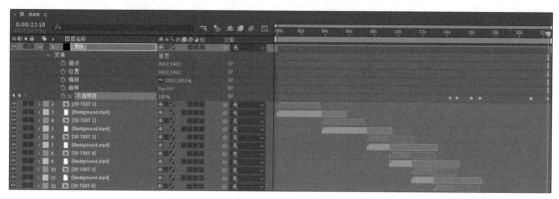

图1-70

03 按快捷键Ctrl＋Alt＋Y创建一个调整图层，执行【图层】菜单中的【蒙版/新建蒙版】命令。展开【蒙版】选项组，勾选【反转】复选框，设置【蒙版羽化】参数为（600，600）像素，【蒙版扩展】参数为10像素。执行【效果】菜单中的【颜色校正/曲线】命令，在【效果控件】面板中参照图1-71所示调整混合曲线的形状。

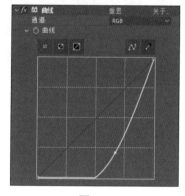

图1-71

1.5 逼真金属质感文字

实例简介

要想制作真实的三维文字和使文字具有更加逼真的金属质感，最好的方法就是使用插件。Element 3D是一款功能强大的三维模型制作插件，不但可以在After Effects中直接创建三维模型和粒子动画，还能模拟各种材料的质感和发光效果。本例我们就利用Element 3D制作一段金属文字的片头动画，效果如图1-72所示。

图1-72

素材文件：附赠素材/工程文件/1.5逼真金属质感文字

教学视频：附赠素材/视频教学/1.5逼真金属质感文字

1.5.1 制作金属文字

01 运行After Effects软件后按快捷键Ctrl＋N新建合成，设置合成名称为【MAIN】，【持续时间】为0:00:10:00，并在【预设】下拉列表中选择【HDTV 1080 24】。按快捷键Ctrl＋Y新建一个纯色图层，设置图层名称为【BG】，【颜色】值为#972F2F。在【字符】面板中设置字体为【ZT Dictum】，字体样式为【Bold】，字体大小为300像素，字符间距为30，如图1-73所示。

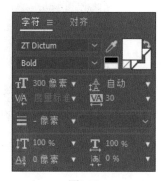

图1-73

02 按快捷键Ctrl＋T激活【文本工具】 T，在视图中输入文本【Metal】，然后单击【对齐】面板中的【水平居中对齐】 ⚌ 和【垂直居中对齐】 ⚏ 按钮。单击时间轴面板下方的【切换开关/模式】按钮，打开文本图层的3D图层开关，设置文本图层和纯色图层的入点均为0:00:06:20，如图1-74所示。

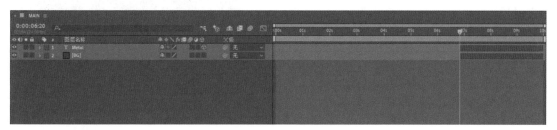

图1-74

03 按快捷键Ctrl＋Y再次创建一个纯色图层，设置图层名称为【Metal】。将【Metal】图层拖曳到文本图层下方，设置出点为0:00:07:10。执行【效果】菜单中的【Video Copilot/Element】命令，在【效果控件】面板中展开【Custom Layers/Custom Text and Masks】选项组，在【Path Layer 1】下拉列表中选择文本图层。单击【Scene Setup】按钮进入Element 3D插件的设置窗口，如图1-75所示。

图1-75

04 单击插件设置窗口左上角的【Extrude】按钮生成三维文字模型。在【Presets】面板中展开【Materials/Physical】文件夹，将预设库中的【Chrome】材质拖曳到预览窗口的文字上，如图1-76所示。

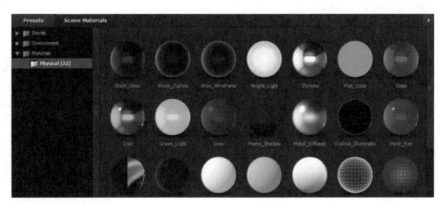

图1-76

05 在【Edit】面板中单击【Tessellation】按钮，在【Path Resolution】下拉列表中选择【Extreme】。单击【Reflect Mode】按钮，在【Mode】下拉列表中选择【Spherical】，如图1-77所示。

图1-77

06 在【Scene】面板中选择【Chrome】
材质，然后在【Edit】面板中单击【Bevel】
按钮，设置【Expand Edges】参数为－1，
【Bevel Size】参数为1。单击【Textures】
按钮后单击【Glossiness】通道的【None
Set】按钮，在弹出的对话框中单击【Load
Texture】按钮，选择附赠素材中的【Reflect.
jpg】贴图，如图1-78所示。

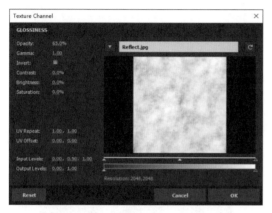

图1-78

08 单击插件设置窗口上方的【Create/
Plane】按钮创建平面，然后激活【Preview】
面板下方的旋转工具，按住Shift键将平面模型
旋转90°并移动到文字后方。在【Presets】
面板中展开【Materials/Physical】文件夹，
将预设库中的【Paint_Red】材质拖曳到平面
上，如图1-80所示。

图1-80

07 继续为【Reflectivity】和【Occlusion】通道
指定【Reflect.jpg】贴图，设置【Glossiness】
通道的数值为65%，【Reflectivity】通道的数
值为20%，如图1-79所示。

图1-79

09 在【Scene】面板中选择【Plane
Model】，然后在【Edit】面板中单击【Plane】
按钮，设置【Size XY】参数为（10，6）。单
击【Reflect Mode】按钮，在【Mode】下拉列
表中选择【Mirror Surface】，如图1-81所示。

图1-81

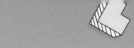

10 在【Scene】面板中选择【Paint_Red】材质，在【Edit】面板中单击【Basic Settings】按钮，设置【Diffuse】参数为0.6，【Glossiness】参数为70%，并单击【Reflectivity】按钮，如图1-82所示。单击窗口右上角的【OK】按钮完成设置。

11 在【效果控件】面板中展开【Render Settings/Physical Environment】选项组，设置【Exposure】参数为1.4。展开【Lighting】选项组，在【Add Lighting】下拉列表中选择【Underwater】。展开【Additional Lighting】选项组，设置【Brightness Multiplier】参数为30%。展开【Ambient Occlusion】选项组，勾选【Enable AO】复选框，在【AO Mode】下拉列表中选择【Ray-Traced】，设置【RTAO Intensity】参数为0.7，如图1-83所示。

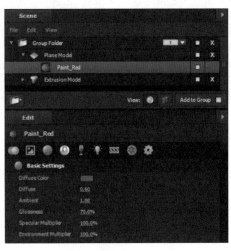

图1-82

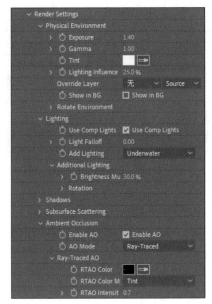

图1-83

12 在时间轴面板中展开【变换】选项组，将时间指示器拖曳到0:00:06:20，单击【不透明度】参数的时间变化秒表创建关键帧；将时间指示器拖曳到0:00:07:10，设置【不透明度】参数为0，如图1-84所示。

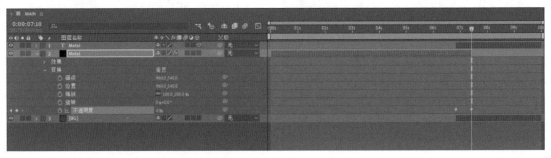

图1-84

1.5.2 设置摄像机动画

01 新建一个摄像机图层，在【摄像机设置】对话框的【预设】下拉列表中选择28毫米。在时间轴面板中设置摄像机图层的出点为0:00:02:00，展开【摄像机选项】选项组，设置【光圈】参数为600像素，如图1-85所示。

图1-85

02 将时间指示器拖曳到0:00:00:00，展开【变换】选项组，设置【目标点】参数为（1015，533，23），【位置】参数为（1210，374，−400）并创建关键帧；将时间指示器拖曳到0:00:02:00，设置【目标点】参数为（1000，533，23），【位置】参数为（1086，323，−453），如图1-86所示。

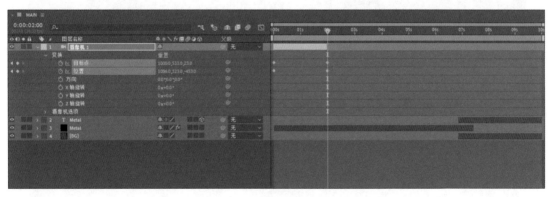

图1-86

03 按快捷键Ctrl＋D复制摄像机图层，并设置复制图层的入点为0:00:02:00，然后设置【Z轴旋转】参数为（0×＋27°）并创建关键帧，继续设置【目标点】参数为（866，526，67），【位置】参数为（610，800，−323）。设置出点和第二个关键帧的位置为0:00:04:06，然后设置【Z轴旋转】参数为（0×＋10°），【目标点】参数为（926，540，10），【位置】参数为（754，702，−476）。展开【摄像机选项】选项组，设置【焦距】参数为450像素，如图1-87所示。

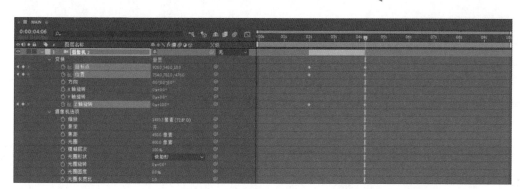

图1-87

04 再次复制一个摄像机图层，设置图层的入点为0:00:04:06，图层的出点为最后一帧。单击【Z轴旋转】参数的时间变化秒表删除所有关键帧，然后设置【Z轴旋转】参数为（0×+0°），如图1-88所示。

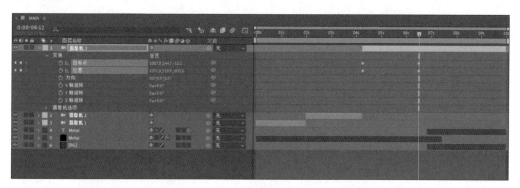

图1-88

05 将时间指示器拖曳到0:00:04:06，设置【目标点】参数为（1062，552，−24），【位置】参数为（1252，742，−410）。将时间指示器拖曳到0:00:05:19，展开【摄像机选项】选项组，设置【焦距】参数为475像素，单击【光圈】参数的时间变化秒表创建关键帧，如图1-89所示。

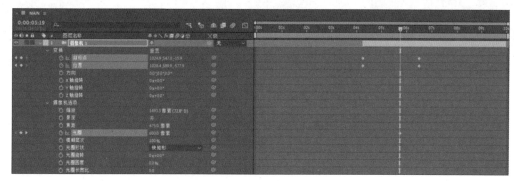

图1-89

06 将时间指示器拖曳到0:00:06:12，设置【目标点】参数为（1008，545，−12），【位置】参数为（1072，520，−655），【光圈】参数为50像素；将时间指示器拖曳到0:00:07:00，设置【目标点】参数为（960，540，0），【位置】参数为（960，540，－1700），【光圈】参数为0；将时间指示器拖曳到最后一帧，设置【位置】参数为（960，540，－2200），如图1-90所示。

图1-90

1.5.3 添加调整图层

01 按快捷键Ctrl＋Alt＋Y创建一个调整图层，然后执行【图层】菜单中的【蒙版/新建蒙版】命令。在时间轴面板中展开【蒙版】选项组，勾选【反转】复选框，设置【蒙版羽化】参数为（900，900）像素。将时间指示器拖曳到0:00:05:12，单击【蒙版扩展】参数的时间变化秒表创建关键帧；将时间指示器拖曳到0:00:07:10，设置【蒙版扩展】参数为500像素，如图1-91所示。

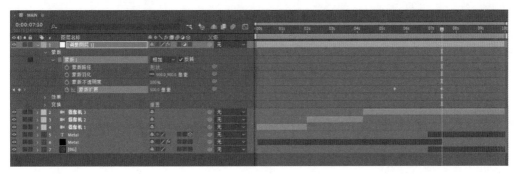

图1-91

02 执行【效果】菜单中的【颜色校正/曲线】命令，然后在【效果控件】面板中参照图1-92所示调整混合曲线的形状。执行【效果】菜单中的【模糊和锐化/高斯模糊】命令，在【效果控件】面板中设置【模糊度】参数为50。

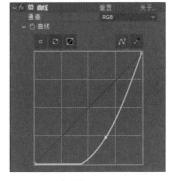

图1-92

03 再次创建一个调整图层，然后执行【效
STEP 果】菜单中的【颜色校正/曲线】命令，在
【效果控件】面板中参照图1-93所示调整混合
曲线的形状。

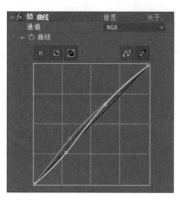

图1-93

04 执行【效果】菜单中的【颜色校正/自然
STEP 饱和度】命令，在【效果控件】面板中设置
【自然饱和度】参数为—10。按快捷键Ctrl＋I
导入附赠素材中的【Audio.mp3】文件，将背
景音乐拖曳到时间轴面板上完成实例的制作，
如图1-94所示。

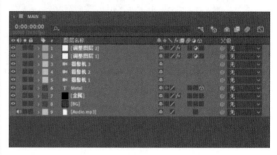

图1-94

动态背景视频

视频背景，特别是动态视频背景是构成视频的重要元素，同时也是让很多视频制作者头疼的素材类型。获取动态视频背景的主要途径有两个：第一个途径是到素材网站购买和下载动态视频背景文件；第二个途径是自己动手，利用After Effects的内置程序或插件制作动态背景。购买动态视频文件虽然省时省力，但是这些经过预渲染的素材只能进行简单的色调处理和时长缩放，无法进行更多的二次编辑，除非特别凑巧，否则很难与预期效果和背景音乐的节奏完美契合。另外，长期使用这样的素材也不利于提高制作者的水平。

本章我们将学习利用外挂插件配合After Effects内置的特效制作动态视频背景的方法。本章制作的几种动态背景适用范围非常广泛，读者只要掌握基本的制作思路和插件的操作方法，并对个别参数稍加调整，就能得到千变万化的效果。

2.1 镜头光晕背景

实例简介

镜头光晕是光线经过相机内部散射后产生的光环，镜头光斑是光源被虚化后产生的光影变形和耀斑。镜头光晕和镜头光斑通常被运用在影片后期处理中，主要作用是为影片营造特定的氛围或者模拟真实的镜头效果。除此之外，我们还可以扩展一下思路，由于镜头光晕和镜头光斑本身就会让人有绚丽的视觉感受，将这两种视觉辅助元素提取出来，单独作为视频背景使用，将产生一种比较独特的视觉效果。

本例中，我们将利用一款叫作Optical Flares的外挂插件制作镜头光晕效果，这款插件不仅提供了独立的设置界面，使操作简单快捷，渲染速度极快，而且提供了大量的预设模板，可以在非常短的时间内制作出逼真的镜头光晕和光斑效果，是最受After Effects用户欢迎的外挂插件之一。实例效果如图2-1所示。

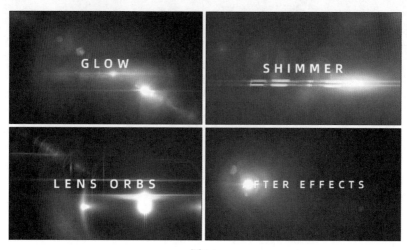

图2-1

素材文件：附赠素材/工程文件/2.1镜头光晕背景

教学视频：附赠素材/视频教学/2.1镜头光晕背景

2.1.1 制作镜头光晕效果

01 打开附赠素材中的【开始项目.aep】文件，项目中已经创建了标题文本动画。在【项目】面板中双击切换到【TEXT1】合成，按快捷键Ctrl＋Y新建一个纯色图层，设置图层名称为【OF1】，颜色为黑色，图层混合模式为【屏幕】，如图2-2所示。

02 执行【效果】菜单中的【Video Copilot/Optical Flares】命令，在【效果控件】面板中单击【Options】按钮打开插件设置窗口。在【浏览器】面板中单击【预设浏览器】，然后单击【Pro Presets2】文件夹中的【Glamour】预设，如图2-3所示。

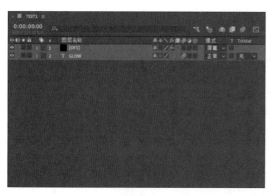

图2-2

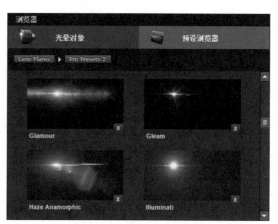

图2-3

03 在【编辑器】面板的【颜色校正】选项组中设置【亮度】参数为−50%，单击插件设置窗口右上角的【OK】按钮完成设置，如图2-4所示。

04 再次新建一个纯色图层，设置图层名称为【OF2】，图层混合模式为【屏幕】。执行【效果】菜单中的【Video Copilot/Optical Flares】命令，在【效果控件】面板中单击【Options】按钮打开设置窗口。在【浏览器】面板中单击【Pro Presets 2】文件夹中的【Aura】预设，然后单击【OK】按钮完成设置，如图2-5所示。

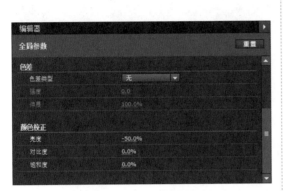

图2-4

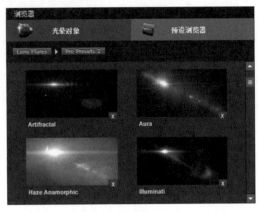

图2-5

2.1.2 设置镜头光晕动画

01 在时间轴面板中展开【OF1】图层的【效果/Optical Flares】选项组，设置【位置XY】参数为（760，600），【中心位置】参数为（1040，720），同时单击这两个参数的时间变化秒表创建关键帧。将时间指示器拖曳到最后一帧，设置【位置XY】参数为（1120，600），【中心位置】参数为（850，780），如图2-6所示。

图2-6

02 展开【OF2】图层的【效果/Optical Flares】选项组，设置【位置XY】参数为（560，320），【亮度】参数为700，并为这两个参数创建关键帧。将时间指示器拖曳到0:00:00:06，设置【亮度】参数为100；将时间指示器拖曳到0:00:00:12，设置【位置XY】参数为（1360，760），单击【中心位置】参数的时间变化秒表创建关键帧；将时间指示器拖曳到最后一帧，设置【中心位置】参数为（880，480），如图2-7所示。

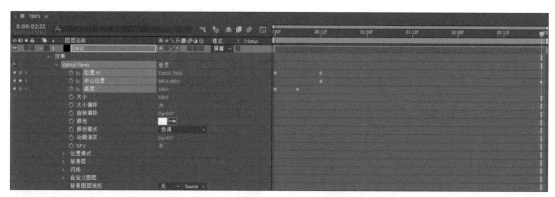

图2-7

03 按住Shift键的同时选中【OF2】和【OF1】图层，然后按快捷键Ctrl＋C复制图层。双击【项目】面板中的【TEXT2】合成，按快捷键Ctrl＋V粘贴图层。展开【OF2】图层的【效果/Optical Flares】选项组，选中【位置XY】参数的两个关键帧并单击鼠标右键，在弹出的快捷菜单中选择【关键帧辅助/时间反向关键帧】。将时间指示器拖曳到最后一帧，设置【中心位置】参数为（1040，600），如图2-8所示。

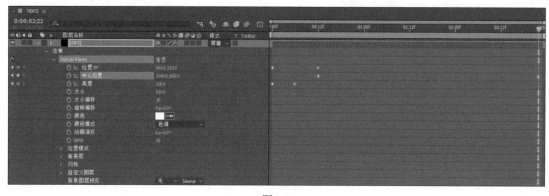

图2-8

2.1.3 替换镜头光晕预设

01 双击【项目】面板中的【TEXT3】合
成，然后按快捷键Ctrl＋V粘贴图层。选中
【OF1】图层，在【效果控件】面板中单击
【Options】按钮打开插件设置窗口。在【浏
览器】面板中单击【Pro Presets 2】文件夹中
的【Flash Light】预设，在【堆栈】面板中单
击第一个【Glow】和两个【Streak】效果的
【隐藏】按钮，如图2-9所示。

图2-9

02 在时间轴面板中展开【效果/Optical Flares】选项组，设置【位置XY】参数为（160，
360），【中心位置】参数为（960，200），同时单击这两个参数的时间变化秒表删除所有
关键帧。单击【大小】参数的时间变化秒表创建关键帧，将时间指示器拖曳到最后一帧，设置
【大小】参数为120，如图2-10所示。

图2-10

03 选中【OF2】图层，在【效果控件】面板中单击【Options】按钮，然后在【浏览器】面板
中单击【Network Presets/Preset】文件夹中的【flange】预设。展开【效果/Optical Flares】选项
组，删除【中心位置】参数的所有关键帧，设置【位置XY】参数第一个关键帧的数值为（600，
680），第二个关键帧的数值为（1400，680）。将时间指示器拖曳到最后一帧，设置【位置
XY】参数为（1480，680），如图2-11所示。

图2-11

04 选中【OF2】和【OF1】图层并按快捷键Ctrl＋C复制图层，然后双击【项目】面板中的【TEXT4】合成，按快捷键Ctrl＋V粘贴图层。展开【OF2】图层的【效果/Optical Flares】选项组，选中【位置XY】参数的前两个关键帧并单击鼠标右键，在弹出的快捷菜单中选择【关键帧辅助/时间反向关键帧】。将时间指示器拖曳到最后一帧，设置【位置XY】参数为（520，680），如图2-12所示。

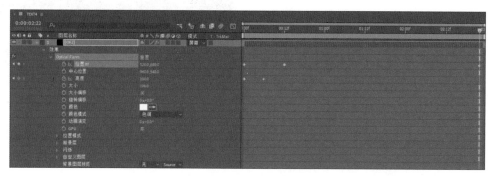

图2-12

05 将【OF2】和【OF1】图层复制到【TEXT5】合成中。选中【OF1】图层，在【效果控件】面板中单击【Options】按钮，在【浏览器】面板中单击【Pro Presets2】文件夹中的【Sweet Spot】预设。在【堆栈】面板中单击前5个效果的【隐藏】按钮，如图2-13所示。

图2-13

06 在时间轴面板中展开【OF1】图层的【效果/Optical Flares】选项组，单击【大小】参数的时间变化秒表删除所有关键帧，然后单击【中心位置】参数的时间变化秒表创建关键帧。设置【位置XY】参数为（1680，320），【中心位置】参数为（960，540）。将时间指示器拖曳到最后一帧，设置【中心位置】参数为（1040，720），如图2-14所示。

图2-14

07 选中【OF2】图层，在【效果控件】面板中单击【Options】按钮，在【浏览器】面板中单击【Pro Presets】文件夹中的【Polar Sun】预设。在时间轴面板中展开【效果/Optical Flares】选项组，设置【位置XY】参数为（560，320），【亮度】参数为100。将时间指示器拖曳到0:00:00:06，设置【亮度】参数为500，如图2-15所示。

图2-15

08 将时间指示器拖曳到0:00:00:12，单击【中心位置】参数的时间变化秒表创建关键帧，设置【位置XY】参数为（1360，760），【亮度】参数为100。将时间指示器拖曳到最后一帧，设置【中心位置】参数为（880，480），然后将【位置XY】参数的最后一个关键帧删除，如图2-16所示。

图2-16

09 将【OF2】和【OF1】图层复制到【TEXT6】合成中。展开【OF2】图层的【效果/Optical Flares】选项组，选中【位置XY】参数的两个关键帧并单击鼠标右键，在弹出的快捷菜单中选择【关键帧辅助/时间反向关键帧】。将时间指示器拖曳到最后一帧，设置【中心位置】参数为（1040，600），如图2-17所示。

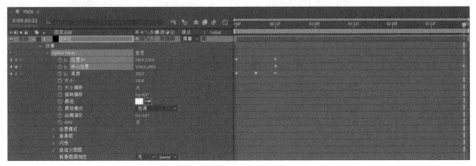

图2-17

10
STEP
将【OF1】图层复制到【TEXT7】合成中。在【效果控件】面板中单击【Options】按钮，在【浏览器】面板中单击【Pro Presets 2】文件夹中的【Robot Light】预设。在时间轴面板中展开【效果/Optical Flares】选项组，设置【中心位置】参数第一个关键帧的数值为（960，800），将第二个关键帧拖曳到0:00:01:20，设置数值为（1280，720）。单击【位置XY】和【亮度】参数的时间变化秒表创建关键帧，设置【位置XY】参数为（260，540）。将时间指示器拖曳到0:00:02:12，设置【位置XY】参数为（1600，540）；时间指示器拖曳到0:00:02:20，设置【亮度】参数为0，如图2-18所示。

图2-18

11
STEP
将【OF1】图层复制到【TEXT8】合成中。展开【效果/Optical Flares】选项组，删除【位置XY】和【中心位置】参数的所有关键帧并设置这两个参数均为（960，540）。将【亮度】参数的第一个关键帧拖曳到0:00:00:00并修改数值为800，将【亮度】参数的第二个关键帧拖曳到0:00:00:08并修改数值为50。将时间指示器拖曳到0:00:00:16，修改【亮度】参数为0，如图2-19所示。

图2-19

2.2 点阵粒子背景

实例简介

　　Rowbyte Plexus是一款功能强大的点阵粒子插件，使用这款插件可以非常轻松地制作出各种基于点、线、面的三维粒子动画背景，它经常被应用在科技类的宣传视频和恐怖、悬疑类的影视片头中。本例中，我们将同时使用Optical Flares和Rowbyte Plexus这两款插件为一个宣传视频制作动态背景，效果如图2-20所示。

图2-20

素材文件：附赠素材/工程文件/2.2点阵粒子背景

教学视频：附赠素材/视频教学/2.2点阵粒子背景

2.2.1 创建点阵粒子

01 打开附赠素材中的【开始项目.aep】文件，然后按快捷键Ctrl＋N新建一个合成，设置合成名称为【PLEXUS1】，【持续时间】为0:00:04:16，如图2-21所示。按快捷键Ctrl＋Y新建一个纯色图层，设置图层名称为【PLEXUS】，颜色为黑色。

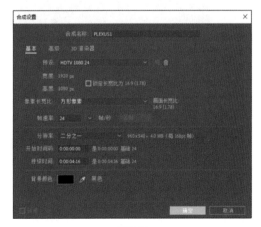

图2-21

02 执行【效果】菜单中的【Rowbyte/
STEP
Plexus】命令，在打开的Plexus Object Panel面
板中单击【Add Geometry】，在弹出的列表中
选择【Primitives】；单击【Add Effector】，
在弹出的列表中选择【Noise】；单击【Add
Renderer】，在弹出的列表中选择【Lines】，
如图2-22所示。

03 在Plexus Object Panel面板中选中
STEP
【Layer】，在时间轴面板中展开【Plexus
Primitives Object/立方】选项组，设置【Z
Points】参数为6，【立方体宽度】参数为
1847，【立方体高度】参数为645，【立方体
深度】参数为747，如图2-23所示。

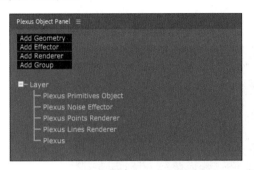

图2-22

图2-23

04 展开【Plexus Noise Effector】选项组，设置【噪波幅度】参数为2900。展开【噪波细节】
STEP
选项组，设置【噪波X缩放】、【噪波Y缩放】和【噪波Z缩放】参数均为0.1，【Noise Seed】
参数为19，【噪波演变】参数为（0×－10°）并创建关键帧。将时间指示器拖曳到最后一帧，
设置【噪波演变】参数为（0×＋20°），如图2-24所示。

图2-24

05 展开【Plexus Points Renderer】选项
STEP
组，设置【从顶点获取颜色】为【关】，
【点颜色】为#3FB3FC。展开【Plexus Lines
Renderer】选项组，设置【最大顶点搜索数
值】参数为6，【最大距离】参数为300，【线
厚度】参数为0.5，如图2-25所示。

图2-25

06 展开【Plexus】选项组，设置【统一渲染】为【开】，在【景深】下拉列表中选择【摄像机设置】，在【渲染质量】下拉列表中选择【6X】。单击【Plexus Points Renderer】选项组左侧的*fx*图标关闭效果，如图2-26所示。

07 按快捷键Ctrl＋D复制【PLEXUS】图层，然后展开复制图层的【效果】选项组，开启【Plexus Points Renderer】效果并将【Plexus Lines Renderer】效果关闭。执行【效果】菜单中的【风格化/发光】命令，在【效果控件】面板中设置【发光阈值】为0，如图2-27所示。

图2-26

图2-27

2.2.2 添加背景和摄像机

01 新建一个纯色图层，设置图层名称为【BG】，然后将其拖曳到【PLEXUS】图层下方。执行【效果】菜单中的【生成/梯度渐变】命令，在【效果控件】面板中设置【渐变起点】为（－270，2014），【渐变终点】为（1576，26），在【渐变形状】下拉列表中选择【径向渐变】，设置【结束颜色】为#061527，如图2-28所示。

02 新建一个摄像机图层，在【变换】选项组中设置【位置】参数为（960，540，－900）。在【摄像机选项】选项组中设置【缩放】参数为3400像素，【焦距】参数为1564像素，【光圈】参数为150像素，如图2-29所示。新建一个调整图层，执行【效果】菜单中的【风格化/发光】命令，在【效果控件】面板中设置【发光阈值】为35。

图2-28

图2-29

2.2.3 制作光晕效果

01 STEP 新建一个纯色图层，设置图层名称为【FLARE】，图层混合模式为【屏幕】。执行【效果】菜单中的【Video Copilot/Optical Flares】命令，然后在【效果控件】面板中单击【Options】按钮打开插件设置窗口，在【浏览器】面板中单击【Pro Presets 2】文件夹中的【Silouette】预设，如图2-30所示。

02 STEP 在【堆栈】面板中单击两个【Streak】和【Iris】效果的【隐藏】按钮，设置两个【Multi Iris】效果的【亮度】参数均为20，【Glow】效果的【亮度】参数为125，如图2-31所示。

图2-30

图2-31

03 STEP 在【堆栈】面板中选择【全局参数】，在【编辑器】面板的【混合模式】下拉列表中选择【滤色】，如图2-32所示。单击设置窗口右上角的【OK】按钮完成设置。

图2-32

04 STEP 在时间轴面板中展开【效果/Optical Flares】选项组，设置【位置XY】参数为（960，580），【中心位置】参数为（1500，300），【颜色】为#FD4545，在【颜色模式】下拉列表中选择【正片叠底】，设置【亮度】参数为1500并创建关键帧。将时间指示器拖曳到0:00:00:18，设置【亮度】参数为100，如图2-33所示。

图2-33

05 执行【效果】菜单中的【模糊和锐化/高斯模糊】命令，在【效果控件】面板中设置【模糊度】参数为20。新建一个调整图层，执行【效果】菜单中的【颜色校正/曲线】命令，在【效果控件】面板中参照图2-34所示调整曲线的形状。

06 再次新建一个调整图层，设置图层混合模式为【颜色减淡】。执行【效果】菜单中的【颜色校正/CC Toner】命令，在【效果控件】面板中设置【Midtones】颜色为#00B4FF，【Shadows】颜色为#003B54。将【项目】面板中的【TEXT1】合成拖曳到时间轴面板上，结果如图2-35所示。

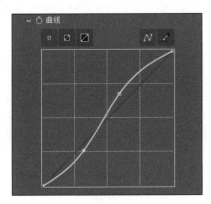

图2-34

图2-35

2.2.4 合成完整影片

01 按快捷键Ctrl+D在【项目】面板中复制【PLEXUS1】合成。双击【PLEXUS2】合成，在时间轴面板中选择【TEXT1】图层，按住Alt键将【项目】面板中的【TEXT2】合成拖曳到选中的图层上进行替换操作。展开【调整图层3】的【效果/CC Toner】选项组，设置【Midtones】颜色为#FF1732，如图2-36所示。

图2-36

02 按快捷键C激活【统一摄像机工具】 ■ ，在合成视图上拖曳修改摄像机的视角，如图2-37所示。重复上面的操作，在【项目】面板中复制7个【PLEXUS】合成，然后进行替换文本、修改色调和调整摄像机视角的操作。

图2-37

03 按快捷键Ctrl＋N新建一个合成，设置合成名称为【MAIN】，【持续时间】为0:00:30:00。将【项目】面板中的【PLEXUS1】～【PLEXUS9】合成和【Solids/Audio.mp3】拖曳到时间轴面板上，设置【PLEXUS1】～【PLEXUS8】图层的持续时间为0:00:03:04，如图2-38所示。

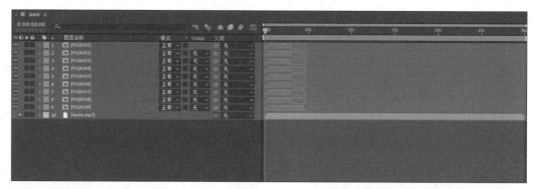

图2-38

04 选中【PLEXUS1】图层并按住Shift键单击【PLEXUS9】图层，在图层上单击鼠标右键，在弹出的快捷菜单中选择【关键帧辅助/序列图层】，在弹出的对话框中单击【确定】按钮，结果如图2-39所示。

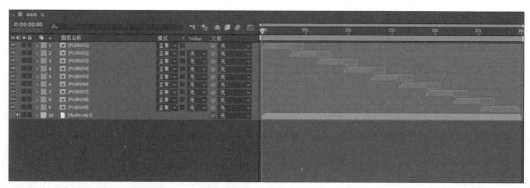

图2-39

2.3 梦幻粒子背景

实例简介

经常浏览素材网站的读者会发现，光斑和粒子类的动态背景素材数量很多，表现形式也非常丰富。这些光斑和粒子背景大多数是使用粒子插件制作的，渲染成视频文件后在网站中出售。如果读者能够掌握几款主流粒子插件的使用方法，既能免去四处寻找素材的烦恼，又能节省购买素材的花费。本例中，我们使用的是After Effects中十分流行的粒子插件系统——Trapcode Particular。这款插件提供了强大的流体动力学功能，可以生成烟火、云雾、爆炸、水墨等自然粒子效果和梦幻般的动态背景，实例效果如图2-40所示。

在本例中，我们还会用到一款叫作Deep Glow的免费插件，与After Effects自带的【发光】效果相比，这款插件采用了基于物理的辉光算法，可以得到更加真实、自然的发光效果。

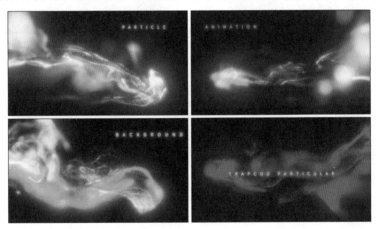

图2-40

素材文件：附赠素材/工程文件/2.3梦幻粒子背景

教学视频：附赠素材/视频教学/2.3梦幻粒子背景

2.3.1 创建粒子系统

01 STEP 打开附赠素材中的【开始项目.aep】文件，按快捷键Ctrl＋N新建一个合成，设置合成名称为【Part1】，【持续时间】为0:00:09:10。按快捷键Ctrl＋Y创建一个纯色图层，设置名称为【BG】。再次新建一个纯色图层，设置名称为【PART】，如图2-41所示。

图2-41

02 执行【效果】菜单中的【RG Trapcode/
Particular】命令，在【效果控件】面板中展开
【Emitter】选项组，设置【Particles/sec】参
数为50000。在【Emitter Type】下拉列表中选
择【Box】，在【Position Subframe】下拉列表
中选择【10×Smooth】，在【Direction】下拉
列表中选择【Directional】，如图2-42所示。

图2-42

04 展开【Particle】选项组，设置【Life】
参数为5.2，【Life Random】参数为30，
【Sphere Feather】参数为0，【Size】参数
为1。在【Set Color】下拉列表中选择【Over
Life】，在【Blend Mode】下拉列表中选择
【Screen】，在【Unmult】下拉列表中选择
【On】，如图2-44所示。

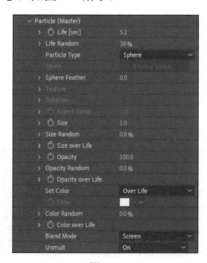

图2-44

03 在【Emitter Size】下拉列表中选择
【XYZ Individual】，设置【Emitter Size X】
和【Emitter Size Z】参数为0，【Random
Seed】参数为1290，如图2-43所示。

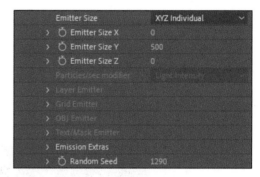

图2-43

05 展开【Physics】选项组，在【Physics
Model】下拉列表中选择【Fluid】。展开
【Fluid】选项组，设置【Force Region Size】
参数为700，在【Random Swirl】下拉列表中
选择【XYZ Individual】，在【Visualize Relative
Density】下拉列表中选择【Opacity】，如
图2-45所示。

图2-45

06 展开【Global Fluid Controls】选项组，设置【Viscosity】参数为30，【Fluid Time Factor】
参数为10并单击时间变化秒表创建关键帧。将时间指示器拖曳到0:00:00:18，设置【Fluid Time
Factor】参数为0.04。同时选中两个关键帧，按快捷键F9将插值设置为贝塞尔曲线，如图2-46所示。

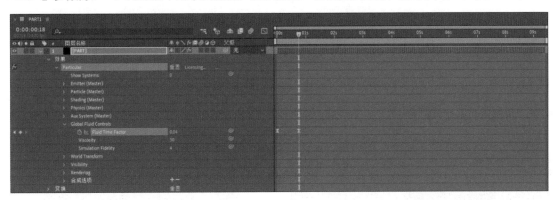

图2-46

07 在【效果控件】面板的第一个选项组中
单击【Designer】按钮打开粒子设置窗口，选
中【Color】后在Master System面板中只留下
两个色标，设置第一个色标的颜色值为（红、
绿、蓝=255、70、0），设置第二个色标的颜色
值为（红、绿、蓝=0、217、255），如图2-47
所示。单击设置窗口右下角的【Apply】按钮
完成设置。

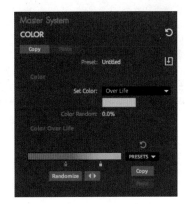

图2-47

2.3.2 添加摄像机和光晕

01 新建一个摄像机图层，设置【胶片大小】
参数为36毫米，【焦距】参数为15毫米。展开
【变换】选项组，设置【位置】参数为（960，
540，−800）。展开【摄像机选项】选项组，
设置【缩放】参数为1200像素，【焦距】参数
为1117像素，【光圈】参数为600像素，【模
糊层次】参数为300%，如图2-48所示。

图2-48

02 新建一个调整图层，设置图层名称为【NULL】。开启【NULL】图层的3D图层开关，然后在摄像机图层的【父级】下拉列表中选择【NULL】，如图2-49所示。展开【NULL】图层的【变换】选项组，设置【锚点】参数为（281，540，0），【缩放】参数为（66，66，66）%，【X轴旋转】参数为（0×+127°），【Z轴旋转】参数为（0×+90°）。

03 再次新建一个调整图层，执行【效果】菜单中的【Plugin Everything/Deep Glow】命令，在【效果控件】面板中设置【半径】参数为100。再次添加一个【Deep Glow】效果，设置【半径】参数为800，【曝光】参数为0.5，如图2-50所示。继续执行【效果】菜单中的【模糊和锐化/锐化】命令，在【效果控件】面板中设置【锐化量】参数为50。

图2-49

图2-50

2.3.3 合成完整影片

01 按快捷键Ctrl+D在【项目】面板中复制【PART1】合成。双击复制的合成，选中【PART】图层后展开【Emitter】选项组，设置【Random Seed】参数为1289。展开【变换】选项组，取消对【缩放】参数的锁定并将数值修改为（−100，100），如图2-51所示。

02 在【效果控件】面板中单击【Designer】按钮打开设置窗口。选中【Color】后在【Master System】面板中设置第一个色标的颜色值为（红、绿、蓝=0、96、255），设置第二个色标的颜色值为（红、绿、蓝=255、0、223），如图2-52所示。

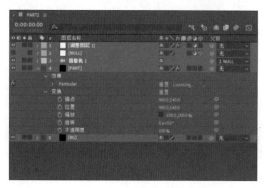

图2-51

图2-52

03 选中【NULL】图层，设置【锚点】参数为（281，629，0），【缩放】参数为（71，71，71）%，【X轴旋转】参数为（0×＋127°），【Z轴旋转】参数为（0×＋90°），如图2-53所示。

图2-53

04 再次复制两个【PART】合成，然后修改粒子的颜色和摄像机的视角。按快捷键Ctrl＋N新建一个合成，设置合成名称为【MAIN】，【持续时间】为0:00:40:00。将【项目】面板中的4个【PART】合成、【TEXT】合成和【Solids/Audio.mp3】拖曳到时间轴面板上，按住Shift键选中【PART1】～【PART4】图层，在图层名称上单击鼠标右键，执行【关键帧辅助/序列图层】命令，在弹出的对话框中直接单击【确定】按钮，结果如图2-54所示。

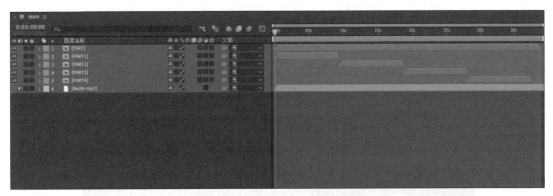

图2-54

05 新建一个调整图层，执行【效果】菜单中的【颜色校正/色相/饱和度】命令，在【效果控件】面板中设置【主饱和度】和【主亮度】参数为10。执行【效果】菜单中的【颜色校正/曲线】命令，在【效果控件】面板中参照图2-55所示调整曲线。执行【效果】菜单中的【实用工具/HDR高光压缩】命令，在【效果控件】面板中设置【数量】参数为10。

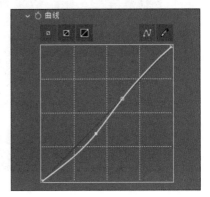

图2-55

06 选中【PART4】图层并单击鼠标右键，在弹出的快捷菜单中选择【时间/启用时间重映
STEP 射】。将时间指示器拖曳到0:00:36:02并创建一个关键帧，双击最后一个关键帧，设置时间映射
值为0:00:00:00。选中所有关键帧，按快捷键F9设置关键帧插值为贝塞尔曲线，如图2-56所示。

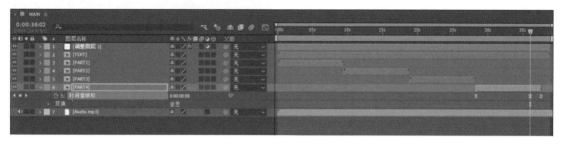

图2-56

2.4 粒子地球背景

实例简介

本例我们将利用三维粒子插件Trapcode Form制作完全由粒子组成的地球背景动画，效果
如图2-57所示。Trapcode Form和上一个实例中使用的Trapcode Particular都是红巨星特效套装中
的插件，这两款插件的设置界面和操作方法完全相同，两者之间的主要区别是，Trapcode Form
没有提供物理学设置参数，模拟自然界中的粒子效果时设置比较麻烦。Trapcode Form的优势是
可以利用内置的音频分析器提取音乐节奏，并且驱动粒子产生视觉化的运动。另外，Trapcode
Form还可以制作文字溶解、汇聚等效果，特别适合制作标题特效。

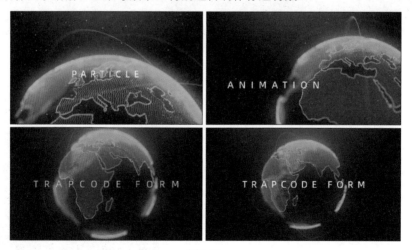

图2-57

 素材文件：附赠素材/工程文件/2.4粒子地球背景
教学视频：附赠素材/视频教学/2.4粒子地球背景

2.4.1 制作粒子地球

01 STEP 打开附赠素材中的【开始项目.aep】文件，将【项目】面板中的【Earth.jpg】和【Outline.jpg】拖曳到时间轴面板上，然后隐藏这两个素材。按快捷键Ctrl+Y新建一个纯色图层，设置图层名称为【BG】，如图2-58所示。

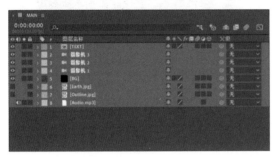

图2-58

02 STEP 执行【效果】菜单中的【生成/梯度渐变】命令，在【效果控件】面板中设置【渐变起点】为（960，−550），【渐变终点】为（960，550），在【渐变形状】下拉列表中选择【径向渐变】，设置【起始颜色】为#356f61，【结束颜色】为#081217，如图2-59所示。

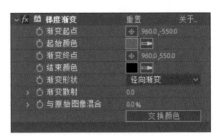

图2-59

03 STEP 再次新建一个纯色图层，设置图层名称为【EARTH】。执行【效果】菜单中的【RG Trapcode/Form】命令，在【效果控件】面板中展开【Base Form】选项组，在【Base Form】下拉列表中选择【Sphere-Layered】。设置【Size XYZ】参数为800，【Particles in X】和【Particles in Y】参数为400，【Sphere Layers】参数为1，【Y Rotation】参数为（0×+3°）并创建关键帧。将时间指示器拖曳到最后一帧，设置【Y Rotation】参数为（0×+60°），如图2-60所示。

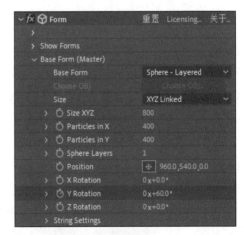

图2-60

04 STEP 展开【Particle】选项组，设置【Sphere Feather】参数为0，【Size】参数为0.4，【Color】为#00FF90，在【Blend Mode】下拉菜单中选择【Screen】。展开【Layer Maps/Size】选项组，在【Layer】下拉列表中选择【Earth.jpg】，如图2-61所示。展开【Visibility】选项组，设置【Far Start Fade】参数为0。

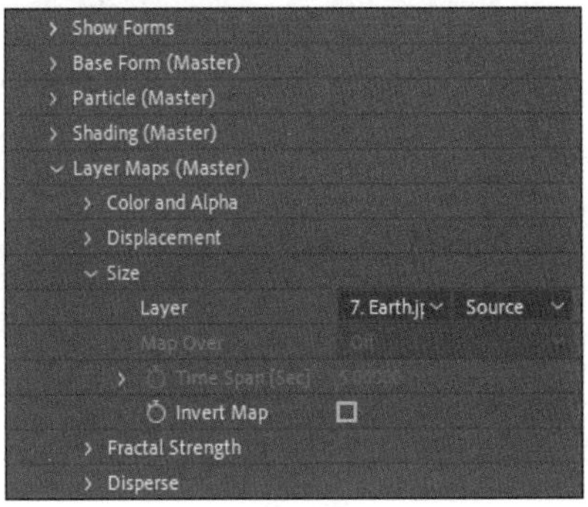

图2-61

05 执行【效果】菜单中的【风格化/发光】命令，在【效果控件】面板中设置【发光半径】参数为150。利用同样的方法再次添加一个发光效果，在【效果控件】面板中设置【发光阈值】参数为20%，【发光半径】参数为200，如图2-62所示。

图2-62

2.4.2 制作轮廓和光环

01 按快捷键Ctrl＋D复制【EARTH】图层，并将其命名为【OUTLINE】。在【Base Form】选项组中设置【Particles in X】和【Particles in Y】参数为800，在【Particle】选项组中设置【Size】参数为0.5，【Color】为#00FFE4。展开【Layer Maps/Size】选项组，在【Layer】下拉列表中选择【Outline.jpg】，如图2-63所示。设置【发光2】效果的【发光强度】参数为0.5。

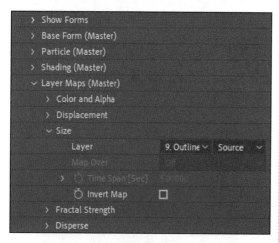

图2-63

02 再次复制【EARTH】图层，并将其命名为【DIFFUSE】。展开【Particle】选项组，设置【Size】参数为0.8，【Size Random】和【Opacity Random】参数为100。展开【Disperse and Twist】选项组，设置【Disperse】参数为50。展开【Fractal Field】选项组，设置【X Displace】参数为10，如图2-64所示。最后将两个【发光】效果删除。

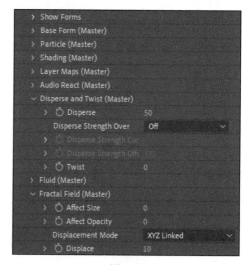

图2-64

03 继续复制【EARTH】图层，并将其命名
为【HALO】。展开【Layer Maps/Size】选项
组，在【Layer】下拉列表中选择【无】。展
开【Base Form】选项组，设置【Size XYZ】
和【Particles in X】参数为1000，【Particles
in Y】参数为1，如图2-65所示。

图2-65

04 单击【Y Rotation】参数的时间变化秒表删除所有关键帧，然后设置【X Rotation】参数
为（0×＋75°），按住Alt键的同时单击【Z Rotation】参数的时间变化秒表，输入表达式
【time*20】，如图2-66所示。

图2-66

05 在【效果控件】面板中单击第一个选项
组中的【Designer】按钮打开插件设置窗口，
在Master Form面板中单击【Copy】按钮。
在Forms面板中单击＋按钮新建粒子发射器，
然后在Form 2面板中单击【Paste】按钮。
再次新建一个粒子发射器并单击【Paste】按
钮，如图2-67所示。单击设置窗口右下角的
【Apply】按钮完成设置。

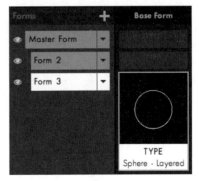

图2-67

06 在【效果控件】面板中展开【Show Forms】选项组，选择【Form 2】后展开【Base Form】选项组，按住Alt键的同时单击【X Rotation】参数的时间变化秒表，输入表达式【time*20】。按住Alt键的同时单击【Z Rotation】参数的时间变化秒表删除表达式，然后将数值设置为（0×+15°），如图2-68所示。展开【Particle】选项组，设置【Color】为#00FF90。

07 在【Show Forms】选项组中选择【Form 3】，在【Base Form】选项组中设置【X Rotation】参数为（0×+0°）。按住Alt键的同时单击【Y Rotation】参数的时间变化秒表，输入表达式【time*20】。按住Alt键的同时单击【Z Rotation】参数的时间变化秒表删除表达式，然后将数值设置为（0×+105°），如图2-69所示。展开【Particle】选项组，设置【Color】为#00FF90。

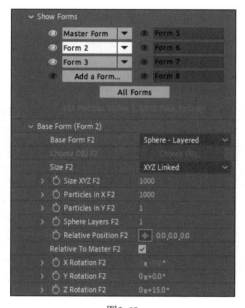

图2-68

图2-69

2.4.3 制作噪波粒子

01 新建一个纯色图层，设置图层名称为【NOISE】。执行【效果】菜单中的【RG Trapcode/Form】命令，在【效果控件】面板中展开【Base Form】选项组，设置【Size XYZ】参数为3000，【Particles in X】和【Particles in Y】参数为80，【Particles in Z】参数为1，如图2-70所示。展开【Particle】选项组，设置【Size】参数为1。

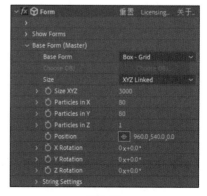

图2-70

02 展开【Disperse and Twist】选项组，设置
STEP 【Disperse】参数为300并创建关键帧。将时
间指示器拖曳到最后一帧，设置【Disperse】
参数为600。在时间轴面板上开启【NOISE】
图层的运动模糊开关，如图2-71所示。

03 按快捷键Ctrl＋Alt＋Y新建调整图层，执
STEP 行【效果】菜单中的【颜色校正/色相/饱和度】
命令，在【效果控件】面板中设置【主饱和度】
参数为15，【主亮度】参数为5。继续执行【效
果】菜单中的【颜色校正/亮度和对比度】命
令，在【效果控件】面板中设置【亮度】参数
为10，【对比度】参数为15，如图2-72所示。

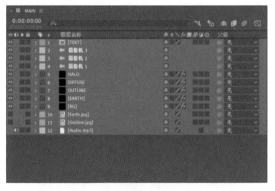

图2-71

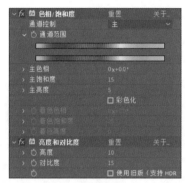

图2-72

2.5 真实地球背景

实例简介

在新闻时事类的片头、影
视片头和预告片中，经常使用
运行的星球作为背景，本例我
们就利用一款叫作Videocopilot
ORB的免费插件制作地球背
景。这款插件基于物理着色
器，不仅可以生成三维星球模
型，在贴图的配合下，还能模
拟出云层、大气层，甚至是夜
间的城市照明，效果十分逼
真，如图2-73所示。

图2-73

 素材文件：附赠素材/工程文件/2.5真实地球背景

教学视频：附赠素材/视频教学/2.5真实地球背景

2.5.1 制作星空和地球

01 打开附赠素材中的【开始项目.aep】文件，按快捷键Ctrl＋N新建一个合成，设置合成名称为【EARTH1】，【持续时间】为0:00:08:20。在【项目】面板中展开【Solids】文件夹，将所有素材拖曳到时间轴面板中，然后隐藏所有图片素材。按快捷键Ctrl＋Y新建一个纯色图层，设置图层名称为【STARS】，如图2-74所示。

图2-74

02 执行【效果】菜单中的【Video Copilot/VC Orb】命令，在【效果控件】面板中设置【Radius】参数为50000，在【Surface】下拉列表中选择【Back】，单击【Rotation Z】参数的时间变化秒表创建关键帧。将时间指示器拖曳到最后一帧，设置【Rotation Z】参数为（0×－45°），如图2-75所示。

图2-75

03 展开【Material】选项组，设置【Specular】参数为0。在【Maps】选项组的【Diffuse Layer】下拉列表中选择【Stars.jpg】。展开【UV】选项组，在【UV Type】下拉列表中选择【Box】，设置【UV Repeat X】和【UV Repeat Y】参数均为8，如图2-76所示。

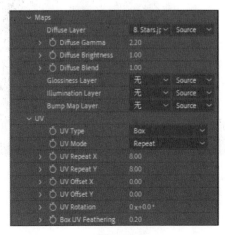

图2-76

04 再次创建一个纯色图层，设置图层名称为【EARTH】。执行【效果】菜单中的【Video Copilot/VC Orb】命令，在【效果控件】面板中设置【Rotation X】参数为（0×＋170°），【Rotation Y】参数为（0×＋155°），【Rotation Z】参数为（0×－77°），单击【Rotation Y】和【Rotation Z】参数的时间变化秒表创建关键帧。将时间指示器拖曳到最后一帧，设置【Rotation Y】参数为（0×＋100°），【Rotation Z】参数为（0×－68°），如图2-77所示。

图2-77

05 展开【Maps】选项组，在【Diffuse Layer】下拉
列表中选择【Diffuse.jpg】，在【Glossiness Layer】下
拉列表中选择【Glossiness.jpg】，设置【Glossiness
Gamma】参数为1.2。在【Illumination Layer】下拉列
表中选择【Illumination.jpg】，在【Bump Map Layer】
下拉菜单中选择【Normal.jpg】。勾选【Use Normal
Map】复选框，设置【Bump Map Intensity】参数为2，
如图2-78所示。

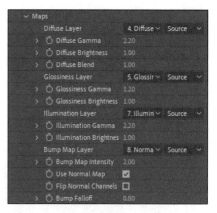

图2-78

06 在【Material】选项组中设置【Specular】参数为
0.5，【Illumination】参数为2，【Illumination Color】为
#FD7431，如图2-79所示。

图2-79

2.5.2 创建云层

01 选中【Clouds.jpg】图层，执行【图层】菜单中的
【预合成】命令，设置预合成名称为【Clouds】。执行
【效果】菜单中的【颜色校正/曲线】命令，在【效果
控件】面板中参照图2-80所示调整曲线的形状。继续执
行【效果】菜单中的【抠像/提取】命令，在【效果控
件】面板中设置【黑场】、【黑色柔和度】和【白色柔
和度】参数均为255。

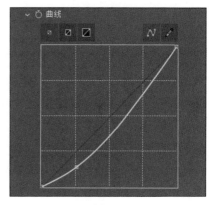

图2-80

02 按快捷键Ctrl+D复制【EARTH】图层，并将其命名为【CLOUDS】。设置【Radius】参数为205，【Material】选项组中的【Color】为#cbcbcb，【Illumination Color】为白色，【Glossiness】参数为0，【Specular】参数为1，【Illumination】参数为5，如图2-81所示。

图2-81

03 展开【Illumination Options】选项组，设置【Shadow/Light】参数为1，【Shadow/Light Contras】参数为2，【Shadow/Light Expansion】参数为0.15，【Bump Influence】参数为0。展开【Advanced Options】选项组，设置【Edge Feather】参数为0.15，【Edge Shrink】参数为0.1，如图2-82所示。

图2-82

04 展开【Maps】选项组，在【Diffuse Layer】下拉列表中选择【Clouds】，在其余下拉菜单中均选择【无】。展开【UV】选项组，在【UV Type】下拉列表中选择【Box】，如图2-83所示。

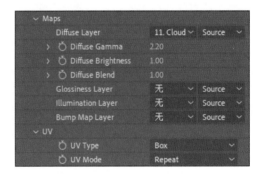

图2-83

05 继续复制【CLOUDS】图层，并将其拖曳到【CLOUDS】图层下方。设置【Radius】参数为200，【Color】为白色，【Illumination】参数为0。执行【效果】菜单中的【颜色校正/色调】命令，在【效果控件】面板中设置【将白色映射到】为黑色。执行【效果】菜单中的【模糊和锐化/Fast Box Blue】命令，在【效果控件】面板中设置【模糊半径】参数为5，如图2-84所示。

图2-84

2.5.3 创建大气层

01 新建一个纯色图层，设置图层名称为【HALO】，混合模式为【屏幕】。执行【效果】菜单中的【Video Copilot/VC Orb】命令，在【效果控件】面板中设置【Radius】参数为202，【Diffuse】和【Specular】参数均为0，【Illumination Color】为#005AFF，【Illumination】参数为1，如图2-85所示。

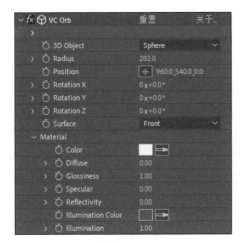

图2-85

03 复制一个【HALO】图层，设置复制图层的【Illumination Color】为#0d84ff，【Illumination】参数为3，【Fresnel Bias】参数为10，【Edge Shrink】参数为0，如图2-87所示。执行【效果】菜单中的【Plugin Everything/Deep Glow】命令。

02 展开【Illumination Options】选项组，设置【Fresnel】和【Shadow/Light】参数均为1，【Fresnel Bias】参数为2，【Shadow/Light Contras】参数为1.5，【Bump Influence】参数为0。展开【Advanced Options】选项组，设置【Edge Feather】参数为0.2，【Edge Shrink】参数为0.05，如图2-86所示。执行【效果】菜单中的【Plugin Everything/Deep Glow】命令，在【效果控件】面板中设置【半径】参数为100，【曝光】参数为0.1。

图2-86

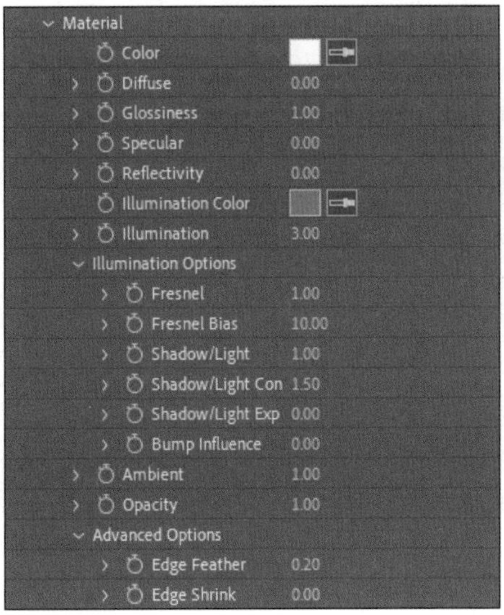

图2-87

04 新建一个摄像机图层，设置【胶片大小】为36毫米，【焦距】为35毫米。展开【变换】选项组，设置【位置】参数为（960，540，800）。新建一个调整图层，设置图层名称为【NULL】。开启图层的3D图层开关，然后在摄像机图层的【父级】下拉列表中选择【NULL】，如图2-88所示。

图2-88

05 展开【NULL】图层的【变换】选项组，设置【位置】参数为（1200，440，0），【缩放】参数为（50，50，50）%并创建关键帧。将时间指示器拖曳到最后一帧，设置【缩放】参数为（70，70，70）%，如图2-89所示。

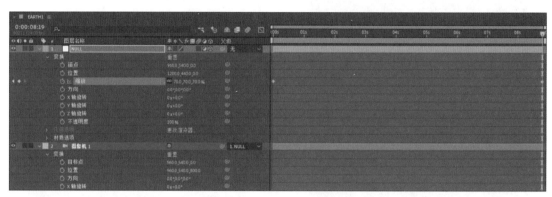

图2-89

06 新建一个灯光图层，设置【灯光类型】为【点】。展开灯光图层的【变换】选项组，设置【位置】参数为（1700，170，−700）并创建关键帧。将时间指示器拖曳到最后一帧，设置【位置】参数为（70，70，30），如图2-90所示。

图2-90

07 新建一个调整图层,执行【效果】菜单中的【颜色校正/曲线】命令,在【效果控件】面板中参照图2-91所示调整曲线的形状。执行【效果】菜单中的【杂色和颗粒/杂色】命令,在【效果控件】面板中设置【杂色数量】参数为5。

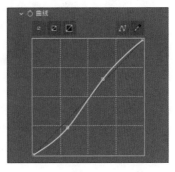

图2-91

2.5.4 合成完整影片

01 新建一个合成,设置合成名称为【MAIN】,【持续时间】为0:00:37:00。在【项目】面板中复制3个【EARTH】合成,然后将【TEXT】合成、【EARTH1】~【EARTH4】合成和【Audio.mp3】拖曳到时间轴面板上。设置【EARTH1】图层的入点为0:00:00:18,按住Shift键的同时选中【EARTH1】~【EARTH4】图层并单击鼠标右键,在弹出的快捷菜中选择【关键帧辅助/序列图层】,结果如图2-92所示。

图2-92

02 新建一个纯色图层,设置图层名称为【TRAN】。展开【变换】选项组,将时间指示器拖曳到0:00:00:18,为【不透明度】参数创建关键帧。将时间指示器拖曳到0:00:01:18,设置【不透明度】参数为0;将时间指示器拖曳到0:00:36:02,设置【不透明度】参数为100%;将时间指示器拖曳到0:00:35:02,设置【不透明度】参数为0,如图2-93所示。调整【EARTH2】~【EARTH4】合成的摄像机视角和灯光位置即可完成实例的制作。

图2-93

第3章

精彩转场特效

一段完整的视频是由很多个相互衔接的镜头、场景或段落共同组成的，场景与场景、段落与段落之间的过渡或转换就叫作转场。好的转场可以让镜头之间的过渡更自然，令视频更具条理性和观赏性，但运用不当则会让视频看起来比较突兀和生硬。

在After Effects中制作转场效果的方法有很多，本章将各种类型视频中比较常用的一些转场效果整合起来，通过5个实例学习其制作方法。

3.1 运动模糊转场

实例简介

所谓的运动模糊转场，就是在常规的平移、旋转、推进等转场的基础上添加了具有方向的模糊效果。这种转场效果更具动感，特别适合运用在图片数量很多或者镜头切换比较频繁的视频中。除此之外，本例还会介绍适合表现剧情闪回、切换的闪光转场和闪白转场的制作方法，实例效果如图3-1所示。

图3-1

素材文件：附赠素材/工程文件/3.1运动模糊转场

教学视频：附赠素材/视频教学/3.1运动模糊转场

3.1.1 制作运动转场

01 打开附赠素材中的【开始项目.aep】文件，在【项目】面板中展开【PHOTO】文件夹，将文件夹中的所有合成拖曳到【MAIN】合成的时间轴面板上。新建一个黑色的纯色图层，设置纯色图层的出点为0:00:02:00。先选中纯色图层，然后按住Shift键的同时选取最后一个【PHOTO】合成，并在图层名称上单击鼠标右键，在弹出的快捷菜单中选择【关键帧辅助/序列图层】，弹出对话框后直接单击【确定】按钮，结果如图3-2所示。

图3-2

02 按住Alt键的同时拖曳【PHOTO12】图层的时间条，将出点设置为最后一帧。展开【PHOTO12】图层的【变换】选项组，将时间指示器拖曳到0:00:26:00，单击【不透明度】参数的时间变化秒表创建关键帧。将时间指示器拖曳到最后一帧，设置【不透明度】参数为0，如图3-3所示。

图3-3

03 按快捷键Ctrl+N新建一个合成，设置合成名称为【TRAN1】，【持续时间】为0:00:01:00。在新建的合成中创建一个纯色图层，设置纯色图层名称为【TRAN】，然后开启折叠变换和调整图层开关。执行【效果】菜单中的【风格化/动态拼贴】命令，在【效果控件】面板中设置【拼贴中心】参数为（0，540），【输出宽度】参数为300，【水平位移】为【开】，如图3-4所示。

图3-4

04 执行【效果】菜单中的【扭曲/偏移】命令，将时间指示器拖曳到0:00:00:04，设置【将中心转换为】参数为（1920，540）并创建关键帧。将时间指示器拖曳到0:00:00:20，设置【将中心转换为】参数为（1920，4860）。同时选中两个关键帧，按快捷键F9将插值设置为贝塞尔曲线，结果如图3-5所示。

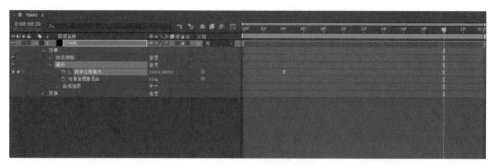

图3-5

05 执行【效果】菜单中的【模糊和锐化/定向模糊】命令，将时间指示器拖曳到0:00:00:04，为【模糊长度】参数创建关键帧。将时间指示器拖曳到0:00:00:12，设置【模糊长度】参数为350；将时间指示器拖曳到0:00:00:20，设置【模糊长度】参数为0。选中3个关键帧，按快捷键F9将插值设置为贝塞尔曲线，结果如图3-6所示。

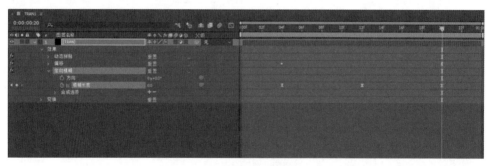

图3-6

06 切换到【MAIN】合成，将【项目】面板中的【TRAN1】合成拖曳到【黑色】图层和【PHOTO1】图层相接的位置。开启折叠变换开关就能看到转场效果，如图3-7所示。

图3-7

07 STEP 按快捷键Ctrl+D在【项目】面板中复制【TRAN1】合成。将【TRAN2】合成拖曳到【MAIN】合成的时间轴面板上，然后开启折叠变换开关，如图3-8所示。双击切换到【TRAN2】合成，展开【效果/偏移】选项组，同时选中【将中心转换为】参数的两个关键帧并单击鼠标右键，在弹出的快捷菜单中选择【关键帧辅助/时间反向关键帧】反转转场的运动方向。

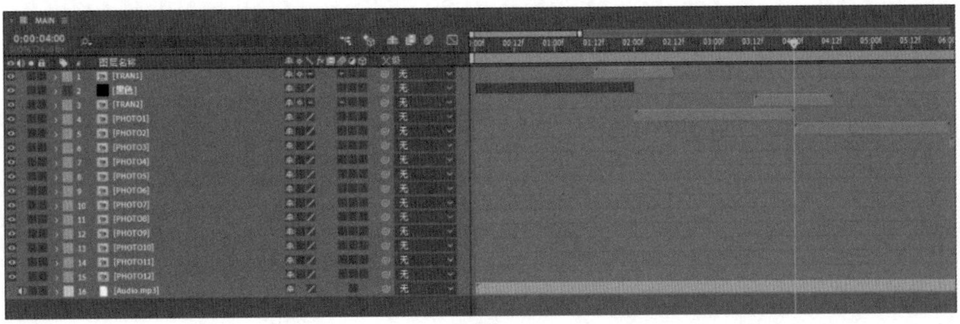

图3-8

08 STEP 再次复制【TRAN1】合成，将【TRAN3】合成拖曳到【MAIN】合成的时间轴面板上，然后开启折叠变换开关。双击切换到【TRAN3】合成，展开【效果/偏移】选项组，设置【将中心转换为】参数第一个关键帧的数值为（−1920，540），第二个关键帧的数值为（5760，540）。展开【定向模糊】选项组，设置【方向】参数为（0×+90°），如图3-9所示。

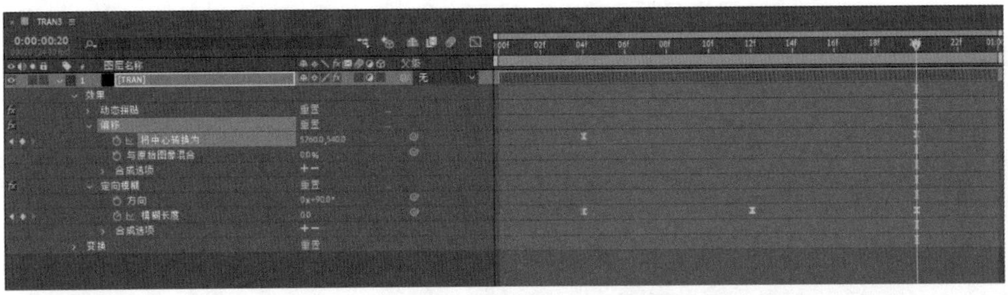

图3-9

09 STEP 按快捷键Ctrl+D在【项目】面板中复制【TRAN3】合成。将【TRAN4】合成拖曳到【MAIN】合成的时间轴面板上，然后开启折叠变换开关。双击切换到【TRAN4】合成，展开【效果/偏移】选项组，同时选中【将中心转换为】参数的两个关键帧并单击鼠标右键，在弹出的快捷菜单中选择【关键帧辅助/时间反向关键帧】，结果如图3-10所示。

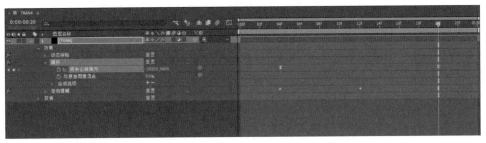

图3-10

3.1.2 制作旋转转场

01
STEP 在【项目】面板中复制【TRAN1】合成。双击切换到【TRAN5】合成，开启【TRAN】图层的运动模糊开关后设置入点为0:00:00:12。将【偏移】和【定向模糊】效果删除，展开【效果/动态拼贴】选项组，设置【拼贴中心】参数为（960，540），【输出宽度】和【输出高度】参数均为200。【镜像边缘】为【开】，【水平位移】为【关】，如图3-11所示。

图3-11

02
STEP 执行【效果】菜单中的【扭曲/变换】命令，在【效果控件】面板中设置【锚点】和【位置】参数均为（960，6）。将时间指示器拖曳到0:00:00:12，设置【旋转】参数为（0×＋40°）并创建关键帧；将时间指示器拖曳到0:00:00:20，设置【旋转】参数为（0×＋0°），如图3-12所示。

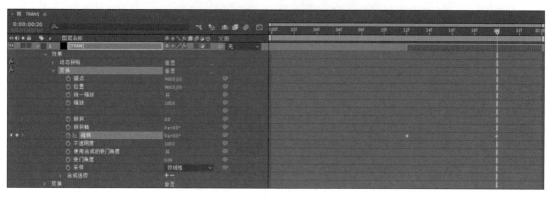

图3-12

03
STEP 复制【TRAN】图层，设置复制图层的入点为0:00:00:00，出点为0:00:00:12。将【旋转】参数的第一个关键帧拖曳到0:00:00:04，修改数值为（0×＋0°），第二个关键帧拖曳到0:00:00:12，修改数值为（0×－40°），如图3-13所示。

图3-13

04 在【项目】面板中复制【TRAN5】合成。双击切换到【TRAN6】合成，展开第一个【TRAN】图层的【效果/变换】选项组，将【旋转】参数第一个关键帧的数值设置为（0×−40°）；展开第二个【TRAN】图层的【效果/变换】选项组，将【旋转】参数第二个关键帧的数值设置为（0×＋40°），如图3-14所示。

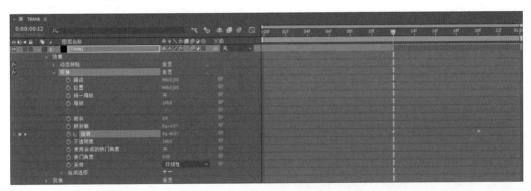

图3-14

05 在【项目】面板中复制【TRAN6】合成。双击切换到【TRAN7】合成，分别展开两个【TRAN】图层的【效果/变换】选项组，设置【锚点】和【位置】参数均为（960，1080），如图3-15所示。

图3-15

06 在【项目】面板中复制【TRAN7】合成。双击切换到【TRAN8】合成，展开第一个【TRAN】图层的【效果/变换】选项组，将【旋转】参数第一个关键帧的数值设置为（0×＋40°）；展开第二个【TRAN】图层的【效果/变换】选项组，将【旋转】参数第二个关键帧的数值设置为（0×−40°），如图3-16所示。

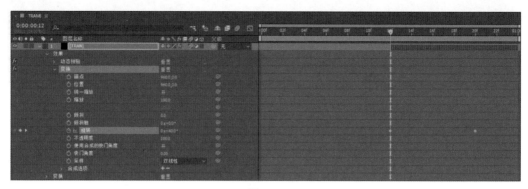

图3-16

3.1.3 制作动态模糊和闪光转场

01 在【项目】面板中复制【TRAN1】合成。双击切换到【TRAN9】合成，将【TRAN】图层
上的所有效果删除。执行【效果】菜单中的【模糊和锐化/径向模糊】命令，在【效果控件】面
板中的【类型】下拉列表中选择【缩放】。将时间指示器拖曳到0:00:00:04，设置【数量】参数
为0并创建关键帧；将时间指示器拖曳到0:00:00:12，设置【数量】参数为50；将时间指示器拖
曳到0:00:00:20，设置【数量】参数为0，如图3-17所示。

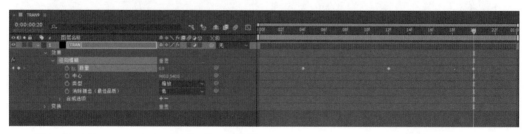

图3-17

02 执行【效果】菜单中的【扭曲/光学补偿】命令，在【效果控件】面板设置【反转镜头扭
曲】为【开】。将时间指示器拖曳到0:00:00:04，单击【视场（FOV）】参数的时间变化秒表创
建关键帧；将时间指示器拖曳到0:00:00:12，设置【视场（FOV）】参数为150；将时间指示器
拖曳到0:00:00:20，设置【视场（FOV）】参数为0，如图3-18所示。

图3-18

03 在【项目】面板中复制【TRAN9】合成。双击切换到【TRAN10】合成,展开【效果/径向模糊】选项组,在【类型】下拉列表中选择【旋转】。展开【效果/光学补偿】选项组,将时间指示器拖曳到0:00:00:12,设置【视场(FOV)】参数为50,如图3-19所示。

图3-19

04 在【项目】面板中复制【TRAN10】合成。双击切换到【TRAN11】合成,将【TRAN】图层上的所有效果删除。执行【效果】菜单中的【风格化/发光】命令,在【效果控件】面板中设置【发光半径】参数为100。将时间指示器拖曳到0:00:00:02,设置【发光强度】参数为0并创建关键帧;将时间指示器拖曳到0:00:00:12,设置【发光强度】参数为2;将时间指示器拖曳到0:00:00:22,设置【发光强度】参数为0,如图3-20所示。

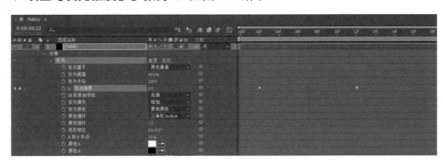

图3-20

05 在【项目】面板中复制【TRAN11】合成。双击切换到【TRAN12】合成,将【TRAN】图层上的所有效果删除。执行【效果】菜单中的【风格化/闪光灯】命令,在【效果控件】面板中设置【闪光持续时间(秒)】参数为0。将时间指示器拖曳到0:00:00:02,设置【与原始图像混合】参数为100并创建关键帧;将时间指示器拖曳到0:00:00:12,设置【与原始图像混合】参数为0;将时间指示器拖曳到0:00:00:22,设置【与原始图像混合】参数为100,如图3-21所示。

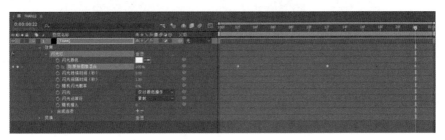

图3-21

06 新建一个调整图层，执行【效果】菜单中的【颜色校正/Lumetri颜色】命令，在【效果控件】面板中展开【基本校正】选项组，在【输入LUT】下拉列表中选择【AlexaV3_K1S1_LogC2Video_DCIP3_EE】。展开【合成选项】选项组，设置【效果不透明度】参数为40%，如图3-22所示。

07 再次执行【效果】菜单中的【颜色校正/Lumetri颜色】命令，在【效果控件】面板中展开【晕影】选项组，设置【数量】参数为一4，【中点】参数为75，如图3-23所示。

图3-22

图3-23

3.2 线条切割转场

实例简介

本例中，我们将利用动态蒙版遮罩功能制作线条在画面上划过后切换照片的转场效果，如图3-24所示。这种转场效果简单易学，有一定的趣味性，特别适合运用在电子相册中。

图3-24

素材文件：附赠素材/工程文件/3.2线条切割转场

教学视频：附赠素材/视频教学/3.2线条切割转场

3.2.1 制作线条涂抹转场

01
STEP
打开附赠素材中的【开始项目.aep】文件，在【MAIN】合成中新建一个纯色图层，设置纯色图层的颜色为白色，出点为0:00:02:00。在【项目】面板中先选中【PLA12】合成，然后按住Shift键的同时选择【PLA1】合成，再将选中的所有合成拖曳到时间轴面板上，如图3-25所示。

图3-25

02
STEP
在时间轴面板上先选中【PLA1】图层，然后按住Shift键的同时选择【PLA12】图层并单击鼠标右键，在弹出的快捷菜单中选择【关键帧辅助/序列图层】。在打开的【序列图层】对话框中勾选【重叠】复选框，设置【持续时间】为0:00:01:10，单击【确定】按钮，如图3-26所示。

图3-26

03
STEP
确认所有【PLA】图层都处于选中状态，将【PLA1】图层的入点拖曳到0:00:01:00的位置。按住Shift键的同时选中【PLA5】～【PLA12】图层，将【PLA5】图层的入点拖曳到0:00:08:10的位置，结果如图3-27所示。

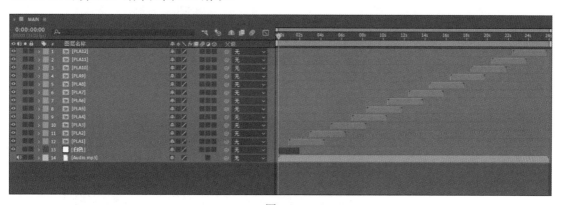

图3-27

04 选中【PL1】图层后按快捷键Ctrl＋Shift＋N新建蒙版，将时间指示器拖曳到0:00:01:20，展开【蒙版/蒙版1】选项组，单击【蒙版路径】的时间变化秒表创建关键帧。在合成视图中双击蒙版边框，按住键盘上的Shift＋Ctrl键，拖曳蒙版边框的角点进行等比例缩放，结果如图3-28所示。

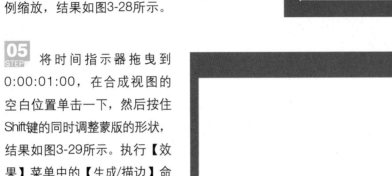

图3-28

05 将时间指示器拖曳到0:00:01:00，在合成视图的空白位置单击一下，然后按住Shift键的同时调整蒙版的形状，结果如图3-29所示。执行【效果】菜单中的【生成/描边】命令，在【效果控件】面板中设置【画笔大小】参数为5。

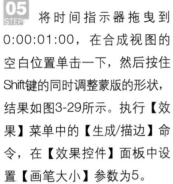

图3-29

06 按住Ctrl键的同时选中【蒙版】和【效果】选项组，然后按快捷键Ctrl＋C。选中【PLA2】图层，将时间指示器拖曳到0:00:03:00，按快捷键Ctrl＋V粘贴蒙版和效果。在关键帧的位置调整蒙版的位置和形状就可以改变涂抹的方向和角度，如图3-30所示。

图3-30

07 重复前面的操作，将【PLA2】图层的蒙版和效果粘贴到【PLA3】图层上。在第一个关键帧的位置将蒙版重叠成一条斜线，在第二个关键帧的位置让蒙版覆盖所有图像，这样就可以得到对开转场的效果，如图3-31所示。

图3-31

08 还可以在一个图层上创建两个蒙版，让两个蒙版对向涂抹可以得到更加富有变化的转场效果，如图3-32所示。

图3-32

3.2.2 制作圆形线条转场

01 选中【PL12】图层，然后激活工具栏上的椭圆工具 🔘，在合成视图上将光标移动到合成的中心位置，按住键盘上的Ctrl＋Shift＋Alt键绘制一个圆形蒙版，如图3-33所示。将时间指示器拖曳到0:00:23:05，单击【蒙版路径】的时间变化秒表创建关键帧；将时间指示器拖曳到0:00:22:05，按住键盘上的Ctrl＋Shift＋Alt键将圆形缩小至一个点。

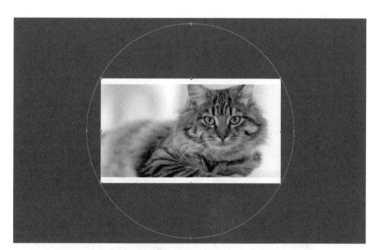

图3-33

02 选中【蒙版1】选项组，然后按快捷键Ctrl＋D复制蒙版。将时间指示器拖曳到0:00:23:05，双击复制的蒙版并按住键盘上的Ctrl＋Shift＋Alt键放大圆形，在【蒙版2】下拉菜单中选择【交集】，如图3-34所示。

图3-34

03
STEP 继续复制【蒙版2】蒙
版，然后双击复制的蒙版并在
合成视图中按住键盘上的Ctrl
＋Shift＋Alt键放大圆形，结
果如图3-35所示。执行【效
果】菜单中的【生成/描边】
命令，在【效果控件】面板中
设置【画笔大小】参数5，同
时勾选【所有蒙版】复选框。

图3-35

3.3 毛刺故障转场

实例简介

毛刺故障转场模拟的是视频信号出现故障时产生的噪波、失真等现象，如图3-36所示。这
种效果近几年来非常流行，既可以作为转场使用，也可以应用在科技、科幻、竞技体育等题材
的标题和LOGO动画中。

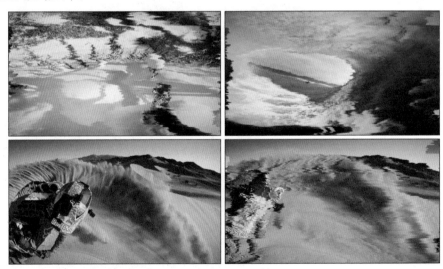

图3-36

素材文件：附赠素材/工程文件/3.3毛刺故障转场

教学视频：附赠素材/视频教学/3.3毛刺故障转场

3.3.1 制作噪波图像

01 打开附赠素材中的【开始项目.aep】文件，按快捷键Ctrl＋N新建一个合成，设置合成名称为【NOISE】，【持续时间】为0:00:01:00。在新建的合成中创建一个纯色图层，设置图层名称为【NOISE】。执行【效果】菜单中的【杂色和颗粒/分形杂色】命令，在【效果控件】面板中的【杂色类型】下拉列表中选择【块】，如图3-37所示。

图3-37

02 展开【分形杂色/变换】选项组，设置【缩放宽度】参数为10000，【缩放高度】参数为350，【复杂度】参数为8，【统一缩放】为【关】。单击【演化】参数的时间变化秒表创建关键帧，将时间指示器拖曳到最后一帧，设置【演化】参数为100，如图3-38所示。展开【变换】选项组，取消对【缩放】参数的锁定并将数值设置为（500，100）。

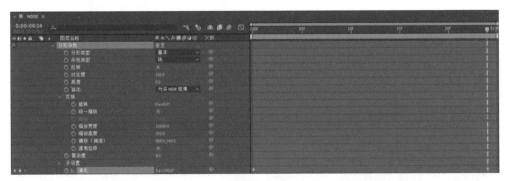

图3-38

03 再次新建一个合成，设置合成名称为【TRAN1】，【持续时间】为0:00:01:00。将【项目】面板中的【NOISE】合成拖曳到新建合成的时间轴面板上，然后隐藏该图层。继续将【项目】面板中的【Solids/Noise1.mp3】拖曳到时间轴面板中，设置其入点时间为0:00:00:06，如图3-39所示。

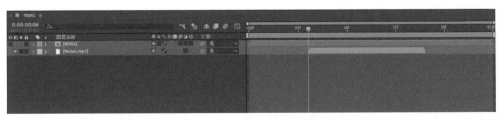

图3-39

3.3.2 制作故障转场

01 STEP 新建一个调整图层，设置图层的入点为0:00:00:05，图层的出点为0:00:00:20。执行【效果】菜单中的【风格化/动态拼贴】命令，在【效果控件】面板中设置【输出宽度】参数为300，【输出高度】参数为200，如图3-40所示。

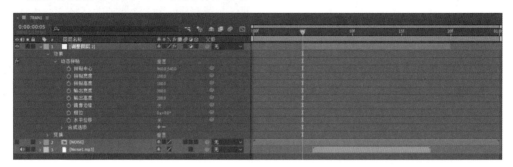

图3-40

02 STEP 继续执行【效果】菜单中的【扭曲/置换图】命令，在【效果控件】面板的【置换图层】下拉列表中选择【NOISE】图层，设置【边缘特性】为【开】。将时间指示器拖曳到0:00:00:05，设置【最大水平置换】参数为0并创建关键帧；将时间指示器拖曳到0:00:00:12，设置【最大水平置换】参数为－1300；将时间指示器拖曳到0:00:00:20，设置【最大水平置换】参数为0，如图3-41所示。

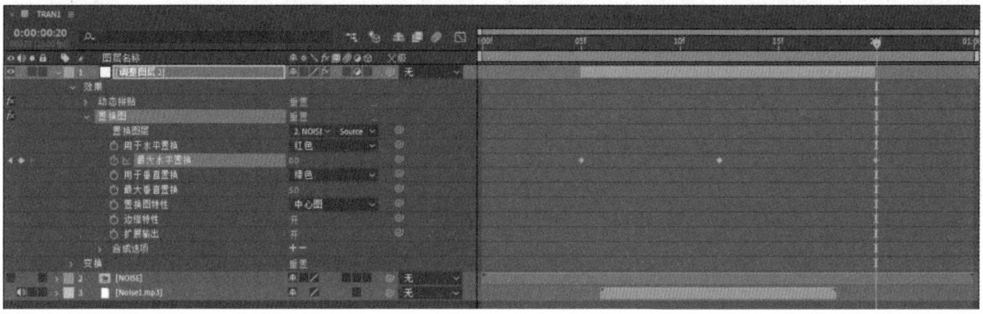

图3-41

03 STEP 在【项目】面板中双击切换到【MAIN】合成，将【TRAN1】合成拖曳到时间轴面板中，然后开启折叠变换开关。按快捷键Ctrl＋D在【项目】面板中复制【TRAN1】合成，将【TRAN2】合成拖曳到【MAIN】合成中并开启折叠变换开关，如图3-42所示。

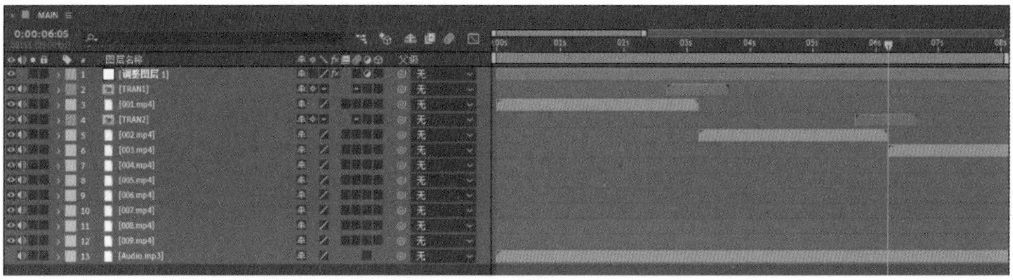

图3-42

04 在【项目】面板中单击切换到【TRAN2】合成，利用【Solids/Noise2.mp3】替换【Noise1.mp3】，设置其入点为0:00:00:03。继续设置【调整图层2】的出点为0:00:00:14，如图3-43所示。

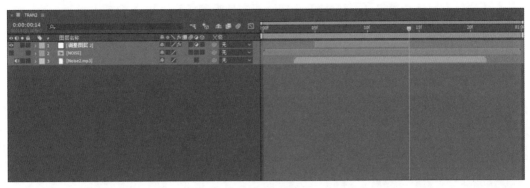

图3-43

05 展开【效果/置换图】选项组，将【最大水平置换】参数第一个关键帧的数值设置为−1200，将第二个关键帧拖曳到0:00:00:12并修改数值为0，将第三个关键帧删除，结果如图3-44所示。

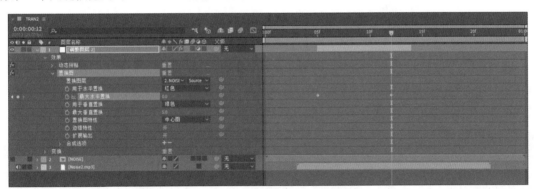

图3-44

06 按快捷键Ctrl＋D复制调整图层，设置图层入点为0:00:00:14，图层出点为0:00:00:20。将【最大水平置换】参数的第一个关键拖曳到0:00:00:16并设置数值为0，将第二个关键帧拖曳到0:00:00:20并设置数值为−400，如图3-45所示。

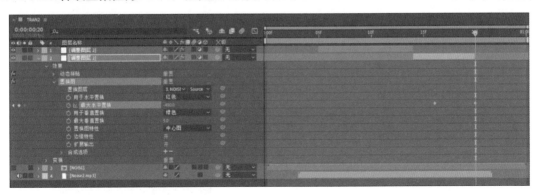

图3-45

3.3.3 添加垂直条纹

01 在【项目】面板中复制【TRAN1】合成，双击切换到【TRAN3】合成，然后新建一个调整图层，设置图层入点为0:00:00:08，图层出点为0:00:00:16。执行【效果】菜单中的【通道/最小/最大】命令，在【效果控件】面板的【操作】下拉菜单中选择【先最大值再最小值】，如图3-46所示。

图3-46

02 将时间指示器拖曳到0:00:00:08，单击【半径】和【方向】参数的时间变化秒表创建关键帧。将时间指示器拖曳到0:00:00:12，设置【半径】参数为50，在【方向】下拉菜单中选择【仅垂直】；将时间指示器拖曳到0:00:00:16，设置【半径】参数为0，在【方向】下拉菜单中选择【水平和垂直】，如图3-47所示。

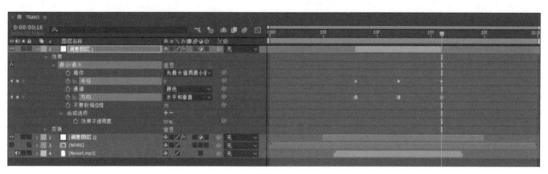

图3-47

03 在【项目】面板中复制编辑好的3个【TRAN】合成，并将复制的合成拖曳到【MAIN】合成的时间轴面板上。新建一个调整图层，执行【效果】菜单中的【颜色校正/曲线】命令，在【效果控件】面板中参照图3-48所示调整曲线的形状。执行【效果】菜单中的【杂色和颗粒/杂色】命令，在【效果控件】面板中设置【杂色数量】参数为5。

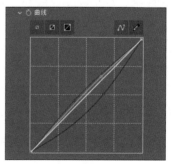

图3-48

04 执行【效果】菜单中的【颜色校正/Lumetri 颜色】命令，在【效果控件】面板中展开【基本校正】选项组，在【输入LUT】下拉列表中选择【AlexaV3_K1S1_LogC2Video_Rec709_EE】。展开【晕影】选项组，设置【数量】参数为—5，【中点】参数为60，如图3-49所示。在时间轴面板中展开【合成选项】选项组，设置【效果不透明度】参数为50%。

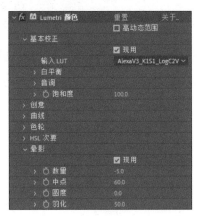

图3-49

05 执行【效果】菜单中的【实用工具/HDR 高光压缩】命令，在【效果控件】面板中设置【数量】参数为20。再次创建一个调整图层，执行【效果】菜单中的【过渡/百叶窗】命令，在【效果控件】面板中设置【过渡完成】参数为5%，【方向】参数为（0×＋90°），【宽度】参数为10，【羽化】参数为2。在时间轴面板中展开【变换】选项组，设置【不透明度】参数为10%，如图3-50所示。

图3-50

3.4 水墨晕染转场

实例简介

极具中国风的动态水墨特效在各种类型的视频中都有着广泛的应用，本例我们就利用视频素材配合After Effects中的亮度蒙版功能，制作漂亮的水墨晕染转场效果，如图3-51所示。

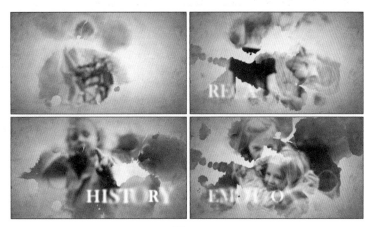

图3-51

素材文件：附赠素材/工程文件/3.4水墨晕染转场

教学视频：附赠素材/视频教学/3.4水墨晕染转场

3.4.1 制作水墨转场

01 打开附赠素材中的【开始项目.aep】
文件，按快捷键Ctrl＋N新建一个合成，设
置合成名称为【PLA1】，【持续时间】为
0:00:06:08。在新建的合成中创建一个纯色图
层，设置颜色为白色，然后将【项目】面板中
的【PHOTO/PHOTO1】合成拖曳到时间轴面
板中，如图3-52所示。

图3-52

02 执行【效果】菜单中的【模糊和锐化/高斯模糊】命令，在【效果控件】面板中展开【效果/
高斯模糊】选项组，设置【模糊度】参数为50并创建关键帧。将时间指示器拖曳到0:00:03:00,
设置【模糊度】参数为0，如图3-53所示。

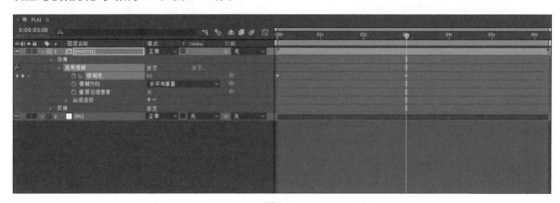

图3-53

03 将【项目】面板中的【Solids/lnk1.mov】
拖曳到时间轴面板上，然后隐藏该图层。在
【PHOTO1】图层的轨道遮罩下拉列表中选
择【亮度反转遮罩[lnk1.mov]】，如图3-54
所示。

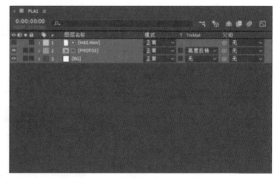

图3-54

04 将【项目】面板中的【Solids/texture1.jpg】拖曳到时间轴面板上，设置图层混合模式为【变暗】。展开【变换】选项组，设置【不透明度】参数为60%，如图3-55所示。

图3-55

05 将【项目】面板中的【Solids/texture2.jpg】拖曳到时间轴面板上，然后按快捷键Ctrl+Shift+N新建蒙版。展开【蒙版/蒙版1】选项组，单击【形状】按钮，在打开的对话框中勾选【重置为】复选框，在下拉列表中选择【椭圆】。勾选【反转】复选框，设置【蒙版羽化】参数为（800，800）像素，【蒙版扩展】参数为-50像素，如图3-56所示。

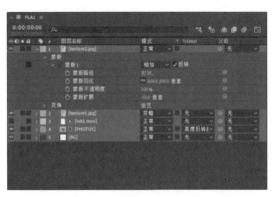

图3-56

06 新建一个纯色图层，设置图层颜色为黑色。然后为纯色图层新建蒙版，展开【蒙版/蒙版1】选项组，单击【形状】按钮，在打开的对话框中将蒙版形状切换为椭圆，如图3-57所示。

图3-57

07 继续勾选【反转】复选框，设置【蒙版羽化】参数为（800，800）像素，【蒙版扩展】参数为1000像素。展开【变换】选项组，设置【不透明度】参数为60%，如图3-58所示。

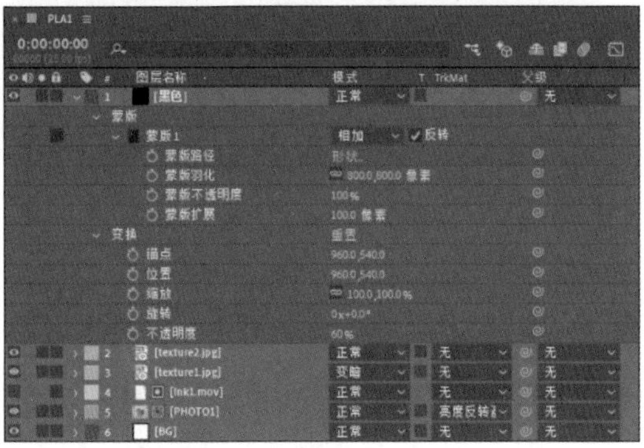

图3-58

3.4.2 水墨转场衔接

01 将【项目】面板中的【TEXT/TEXT1】合成拖曳到时间轴面板上，然后在【项目】面板中按快捷键Ctrl＋D复制【PLA1】合成。双击切换到【PLA2】合成，利用项目面板中的【PHOTO2】合成替换【PHOTO1】图层，利用【Ink2.mov】替换【Ink1.mov】图层，利用【TEXT2】合成替换【TEXT1】图层，如图3-59所示。

图3-59

02 将【项目】面板中的【Solids/Ink2.mov】拖曳到【TEXT2】图层的下方，设置其图层混合模式为【轮廓亮度】。展开【变换】选项组，将时间指示器拖曳到0:00:00:12，为【不透明度】参数创建关键帧；将时间指示器拖曳到0:00:01:00，设置【不透明度】参数为0，如图3-60所示。重复前面的操作，在【项目】面板中复制【PLA】合成，然后替换照片和文本。

图3-60

03 按快捷键Ctrl＋N新建一个合成，设置合成名称为【MAIN】，【持续时间】为0:00:33:00。将【项目】面板中的【PLA1】和【PLA2】合成拖曳到时间轴面板上，选中【PLA1】和【PLA2】图层并单击鼠标右键，在弹出的快捷菜单中选择【关键帧辅助/序列图层】。在打开的对话框中勾选【重叠】复选框，设置【持续时间】为0:00:01:00，结果如图3-61所示。

图3-61

04 新建一个调整图层，执行【效果】菜单中的【颜色校正/亮度和对比度】命令，在【效果控件】面板中设置【亮度】和【对比度】参数均为40。继续执行【效果】菜单中的【颜色校正/曲线】命令，在【效果控件】面板中参照图3-62所示调整曲线的形状。

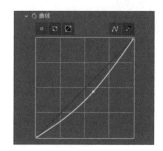

图3-62

3.5 动态光斑转场

实例简介

与水墨效果相比，光斑和光晕效果在各类视频中的应用更加广泛。本例我们将使用Optical Flares和Trapcode Particular两款插件制作动态光斑转场，效果如图3-63所示。这两款插件都提供了丰富的预设模板，只要选择适合的模板，并根据视频需要进行简单的调整，就能快速制作出自己喜欢的特效。

图3-63

素材文件：附赠素材/工程文件/3.5动态光斑转场

教学视频：附赠素材/视频教学/3.5动态光斑转场

3.5.1 制作粒子光斑

01
STEP 在【项目】面板中双击切换到【PLA1】合成，在文本图层下方新建一个黑色的纯色图层，并设置图层名称为【PART】。执行【效果】菜单中的【RG Trapcode/Particular】命令，在【效果控件】面板中单击【Designer】按钮打开设置窗口，如图3-64所示。

图3-64

02 单击设置窗口左上角的【PRESETS】
按钮，双击应用【Multiple System Presets/
Backgrounds/Glow Spheres】预设，如
图3-65所示。按Delete键将Systems面板
中的【System2】粒子删除，然后双击
【COLOR】，选择【Desert Shadow】预设。
单击窗口右下角的【Apply】按钮完成设置。

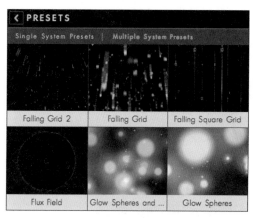

图3-65

04 按快捷键Ctrl＋C复制【PART】图层，
然后将图层粘贴到【PLA2】合成中。开启
【PART】图层的运动模糊和3D图层开关，设
置图层混合模式为【相加】，同时将图层拖曳
到摄像机图层下方，如图3-67所示。

图3-67

03 在【效果控件】面板中展开【Emitter】选
项组，设置【Particles/sec】参数为30。展开
【Particle】选项组，设置【Size】参数为200，
【Size Random】参数为30%，【Opacity】参
数为35，如图3-66所示。展开【Physics】选
项组，设置【Gravity】参数为－10。

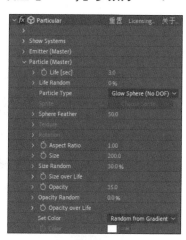

图3-66

05 在【效果控件】面板中展开【Emitter】
选项组，设置【Particles/sec】参数为20。
展开【Emission Extras】选项组，设置【Pre
Run】参数为50。展开【Particle】选项组，设
置【Sphere Feather】参数为20，【Size】参
数为80，【Opacity】参数为25，如图3-68所
示。再次复制【PART】图层，将图层粘贴到
其余的【PLA】合成中。

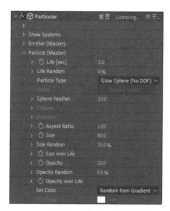

图3-68

3.5.2 制作扫光转场

01 按快捷键Ctrl＋N新建一个合成，设置合成名称为【TRAN1】，【持续时间】为0:00:01:00。执行【效果】菜单中的【Video Copilot/Optical Flares】命令，在【效果控件】面板中单击【Options】按钮打开设置窗口。在【浏览器】面板中单击【预设浏览器】，然后单击【Motion Graphics/Monster Flare】预设，如图3-69所示。

02 在【编辑器】面板的【光晕纹理】下拉列表中选择【Dirty】，设置【亮度半径】参数为100，如图3-70所示。单击设置窗口右上角的【OK】按钮完成设置。

图3-69

图3-70

03 在【效果控件】面板中设置【位置XY】和【中心位置】参数均为（0，0），【大小】参数为120，单击【中心位置】和【亮度】参数的时间变化秒表创建关键帧。将时间指示器拖曳到0:00:00:12，设置【中心位置】参数为（480，270），【亮度】参数为500；将时间指示器拖曳到最后一帧，设置【中心位置】参数为（960，540），【亮度】参数为100，如图3-71所示。

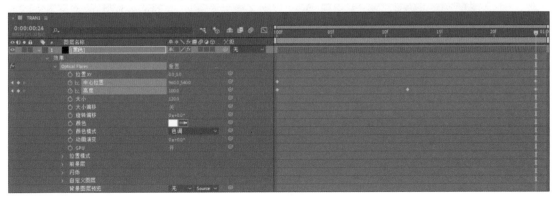

图3-71

04 切换到【MAIN】合成，将【TRAN1】合成拖曳到【PLA1】图层上方，然后设置图层入点为0:00:04:12，图层混合模式为【相加】，如图3-72所示。

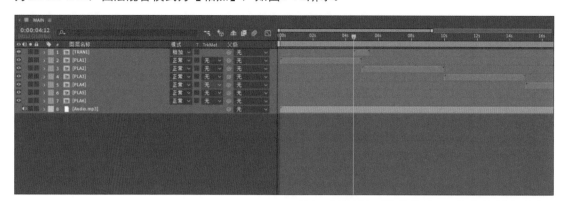

图3-72

05 在【项目】面板中按快捷键Ctrl＋D复制【TRAN1】合成，并将【TRAN2】合成拖曳到【PLA1】图层下方，然后设置图层入点为0:00:09:12，图层混合模式为【相加】。双击切换到【TRAN2】合成，在【效果控件】面板中设置【位置XY】参数为（0，1080），【中心位置】参数为（960，540）。单击【位置XY】参数的时间变化秒表创建关键帧，然后删除【中心位置】参数的关键帧，如图3-73所示。

图3-73

06 将时间指示器拖曳到0:00:00:12，设置【亮度】参数为200；将时间指示器拖曳到最后一帧，设置【位置XY】参数为（1920，0），如图3-74所示。其余的转场只需复制【TRAN】合成，然后修改【位置】参数即可。

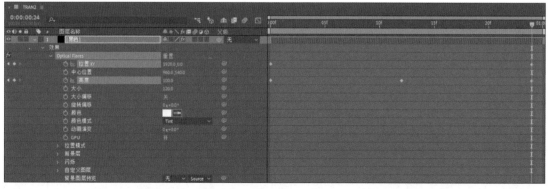

图3-74

调色与氛围处理

制作视频时需要把握三个要点：制作视频前认真准备素材，尽量使用与主题相契合的背景图片、背景视频和音乐音效；制作过程中先处理音乐后编辑画面，以确保画面的切换与背景音乐的节奏相匹配；初步制作完成后要反复调整视频的亮度和色调属性，为视频营造出特定的氛围。

本章中，我们不但会学习通过调色效果和覆叠素材为视频营造氛围的方法，还会讲解如何通过多种内置效果的组合，为视频添加独特的视觉效果。

4.1 怀旧色调处理

实例简介

本例我们将综合运用颜色校正效果、色调分离效果、覆叠纹理和杂波视频等手段，模拟复古电子相册、历史题材的影视片头中经常运用的怀旧质感，让原本平淡无奇的视频具有更强的视觉感染力，效果如图4-1所示。

图4-1

素材文件：附赠素材/工程文件/4.1怀旧色调处理

教学视频：附赠素材/视频教学/4.1怀旧色调处理

4.1.1 使用蒙版和遮罩

01 打开附赠素材中的【开始项目.aep】文件，然后在【项目】面板中双击切换到【PLA1】合成，选中【Photo1】图层并按快捷键Ctrl＋Shift＋N新建蒙版。展开【蒙版/蒙版1】选项组，设置【蒙版羽化】参数为（800，800）像素，【蒙版扩展】参数为－200像素，如图4-2所示。

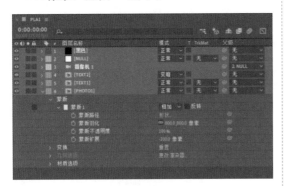

图4-2

02 单击【形状】按钮，在弹出的对话框中将蒙版形状切换为椭圆。在合成视图面板中双击蒙版边框，参照图4-3所示调整蒙版的尺寸和位置。

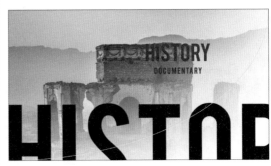

图4-3

03 继续将【项目】面板中的【Solids/Texture.jpg】拖曳到【Photo1】图层上方，然后设置图层混合模式为【变暗】。展开【变换】选项组，设置【不透明度】参数为80%，如图4-4所示。

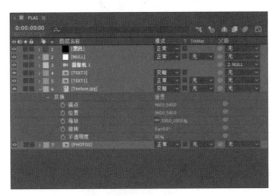

图4-4

04 按快捷键Ctrl＋D复制【Photo1】图层，并将复制的图层拖曳到【Texture.jpg】图层上方，在轨道遮罩下拉列表中选择【Alpha遮罩"TEXT1"】。展开【蒙版/蒙版1】选项组，设置【蒙版扩展】参数为100像素，如图4-5所示。

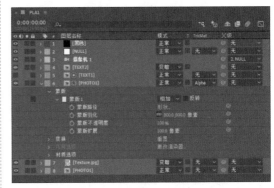

图4-5

05 再次按快捷键Ctrl＋D复制上层的
【Photo1】图层，设置【TEXT2】图层的
混合模式为【变暗】。将【项目】面板中
的【Solids/Particles.mp4】和【Solids/Dust.
mp4】视频拖曳到摄像机图层的下方，设置
【Dust.mp4】图层的混合模式为【较浅的颜
色】，【Particles.mp4】图层的混合模式为
【变暗】，如图4-6所示。

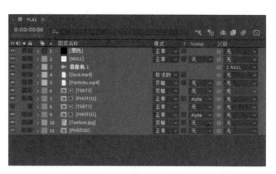

图4-6

4.1.2 制作色彩重叠效果

01 切换到【MAIN】合成，选中【PLA1】图
层，然后执行【效果】菜单中的【通道/设置
通道】命令，在【效果控件】面板中将红色和
绿色通道关闭，如图4-7所示。

图4-7

02 复制一个【PLA1】图层，在【效果控件】面板中只开启绿色通道，再次复制【PLA1】图
层，在【效果控件】面板中只开启红色通道。按快捷键Ctrl＋Y新建黑色纯色图层，并将纯色
图层拖曳到第一个【PLA1】图层下方，然后与【PLA1】图层的入点时间和出点时间对齐，如
图4-8所示。

图4-8

03 选中纯色图层，执行【效果】菜单中的
【扭曲/CC Lens】命令，在【效果控件】面板
中设置【Size】参数为500。开启纯色图层的
调整图层开关，然后设置前两个【PLA1】图
层的混合模式为【屏幕】，如图4-9所示。

图4-9

04 在【项目】面板中复制【PLA1】合成。
切换到【PLA2】合成，利用【项目】面板
中的【PHOTO/PHOTO2】合成替换所有的
【PHOTO1】图层，如图4-10所示。展开
【TEXT2】图层的【变换】选项组，设置【位
置】参数为（680，400，0）。

图4-10

05 重复前面的操作，再次复制两个【PLA】合成，然后替换对应序号的【PHOTO】和
【TEXT】图层。切换到【MAIN】合成，复制所有的图层，然后替换对应序号的【PLA】图层并
对齐时间轴，结果如图4-11所示。

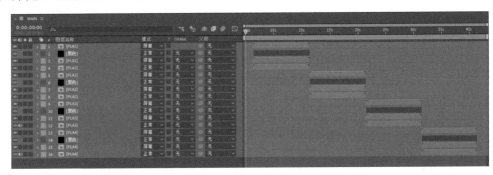

图4-11

4.1.3 调整色彩和色调

01 新建一个调整图层，执行【效果】菜单
中的【风格化/CC Vignette】命令，在【效果
控件】面板中设置【Amount】参数为250，
【Angle of View】参数为30。执行【效果】菜单
中的【颜色校正/色调】命令，在【效果控件】
面板中设置【将黑色映射到】颜色为#140200，
【将白色映射到】颜色为#FFB96E，【着色数
量】参数为15%，如图4-12所示。

02 执行【效果】菜单中的【杂色和颗粒/添
加颗粒】命令，在【效果控件】面板的【查看
模式】下拉列表中选择【最终输出】，在【预
设】下拉列表中选择【Kodak SFX 200T】。
执行【效果】菜单中的【颜色校正/自然饱和
度】命令，在【效果控件】面板中设置【自然
饱和度】参数为-30，如图4-13所示。

图4-12

图4-13

03 执行【效果】菜单中的【颜色校正/亮度和对比度】命令,在【效果控件】面板中设置【亮度】参数为15,【对比度】参数为5。执行【效果】菜单中的【模糊和锐化/锐化】命令,在【效果控件】面板中设置【锐化量】参数为10,如图4-14所示。

图4-14

4.2 重影视差处理

实例简介

在After Effects中,蒙版是一种依附于图层的对象,既可以作为路径使用,也可以调整图层的透明度。本例我们将更加深入地挖掘蒙版功能的用途,制作一段可以让人产生视觉差的视频,效果如图4-15所示。

图4-15

素材文件: 附赠素材/工程文件/4.2重影视差处理

教学视频: 附赠素材/视频教学/4.2重影视差处理

4.2.1 制作重影效果

01 打开附赠素材中的【开始项目.aep】文件,在【PLA1】合成中新建一个调整图层。执行【效果】菜单中的【扭曲/光学补偿】命令,在【效果控件】面板中设置【视场(FOV)】参数为75,勾选【反转镜头扭曲】和【最佳像素】复选框,在【FOV方向】下拉列表中选择【对角】,如图4-16所示。

图4-16

02 新建一个黑色的纯色图层，然后展开纯色图层的【变换】选项组，将时间指示器拖曳到0:00:00:10，单击【不透明度】参数的时间变化秒表创建关键帧。将时间指示器拖曳到0:00:01:12，设置【不透明度】参数为0；将时间指示器拖曳到0:00:06:12并插入一个关键帧；将时间指示器拖曳到0:00:07:14，设置【不透明度】参数为100%，如图4-17所示。

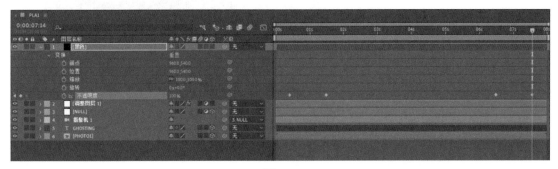

图4-17

03 再次新建一个纯色图层，并按快捷键Ctrl+Shift+N新建蒙版。展开【蒙版/蒙版1】选项组，勾选【反转】复选框，单击【形状】按钮，在打开的对话框中设置【顶部】参数为100像素，【底部】参数为980像素，如图4-18所示。

图4-18

04 按快捷键Ctrl+D复制【PHOTO1】图层，然后展开复制图层的【变换】选项组，设置【位置】参数为（960，540，-250）。按快捷键Ctrl+Shift+N新建蒙版，在合成视图面板中双击蒙版边框，然后按住键盘上的Shift+Ctrl键拖曳蒙版边框的角点进行等比缩放操作，如图4-19所示。

图4-19

05 展开【蒙版/蒙版1】选项组，勾选【反转】复选框，设置【蒙版羽化】参数为（300，300）像素，【蒙版不透明度】参数为50%。【蒙版扩展】参数为−50并创建关键帧。将时间指示器拖曳到最后一帧，设置【蒙版扩展】参数为250像素，如图4-20所示。

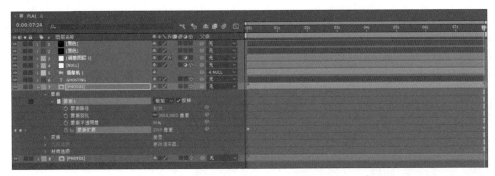

图4-20

06 复制有蒙版的【PHOTO1】图层，然后展开【变换】选项组，设置【位置】参数为（960，540，−500）。再次复制上层的【PHOTO1】图层，展开【变换】选项组，设置【位置】参数为（960，540，−750），如图4-21所示。

图4-21

4.2.2 制作画面破碎效果

01 复制最底层的【PHOTO1】图层，然后将复制的图层拖曳到文本图层下方并新建蒙版。在合成视图面板中双击蒙版边框，参照图4-22所示调整蒙版的位置和角度。继续执行【效果】菜单中的【生成/描边】命令。

图4-22

02 展开【变换】选项组，将时间指示器拖曳到0:00:04:12，单击【缩放】参数的时间变化秒表创建关键帧；将时间指示器拖曳到0:00:06:12，设置【缩放】参数为（380，380，380），如图4-23所示。

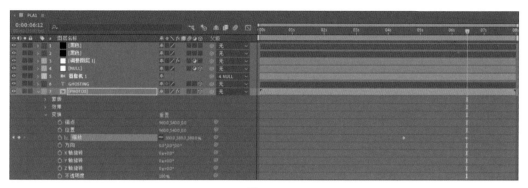

图4-23

03 复制3个刚刚编辑好的【PHOTO】图层，然后双击蒙版边框并调整蒙版的位置和角度，结果如图4-24所示。

图4-24

4.2.3 添加粒子过渡

01 按快捷键Ctrl+D在【项目】面板中复制【PLA1】合成，然后将【PLA2】合成拖曳到【MAIN】合成中。按住Shift键的同时选中所有的【PHOTO1】图层，然后按住键盘上的Alt键，将【项目】面板中的【PHOTO2】合成拖曳到选中的图层上进行替换，如图4-25所示。

图4-25

02 在【项目】面板中复制【PLA2】合成，并将【PLA3】合成拖曳到【MAIN】合成中，然后利用【项目】面板中的【PHOTO3】合成替换所有的【PHOTO2】图层。选中最底层的【PHOTO3】图层，执行【效果】菜单中的【模拟/CC Star Burst】命令，在【效果控件】面板中设置【Scatter】参数为5，【Speed】参数为0.02，【Grid Spacing】参数为3，【Size】参数为200，如图4-26所示。

~ fx CC Star Burst	重置	关于
> Scatter	5.0	
> Speed	0.02	
> Phase	0x+0.0°	
> Grid Spacing	3	
> Size	200.0	
> Blend w. Original	0.0 %	

图4-26

03 单击【Scatter】参数的时间变化秒表创建关键帧，将时间指示器拖曳到0:00:01:12，单击【Blend w.Original】参数的时间变化秒表创建关键帧；将时间指示器拖曳到0:00:02:12，设置【Scatter】参数为0，【Blend w.Original】参数为100，如图4-27所示。

图4-27

04 重复前面的操作，复制【PLA】合成，然后逐个替换图像。最后在【MAIN】合成中创建一个调整图层，执行【效果】菜单中的【颜色校正/Lumetri颜色】命令，在【效果控件】面板中展开【创意】选项组，在【Look】下拉列表中选择【SL BLUE STEEL】，设置【强度】参数为60，【锐化】参数为20。展开【晕影】选项组，设置【数量】参数为－1，如图4-28所示。

图4-28

4.3 三维照片处理

实例简介

除了效果和蒙版以外，3D图层和摄像机动画也是制作视频特效的常用手段。本例我们将制作如图4-29所示的电子相册，让平淡的二维照片变成生动的三维动画。

图4-29

素材文件：附赠素材/工程文件/4.3三维照片处理

教学视频：附赠素材/视频教学/4.3三维照片处理

4.3.1 制作三维照片

01 STEP 打开附赠素材中的【开始项目.aep】文件，切换到【PLA1】合成，将【项目】面板中的【TEXT1】和【PHOTO/PHOTO1-PHOTO6】合成拖曳到时间轴面板上，如图4-30所示。

02 STEP 双击切换到【PHOTO6】合成，新建一个白色的纯色图层，然后按快捷键Ctrl＋Shift＋N新建蒙版。展开【蒙版/蒙版1】选项组，勾选【反转】复选框后单击【形状】按钮，在打开的对话框中设置【顶部】和【左侧】参数均为25像素，【右侧】参数为1895像素，【底部】参数为1055像素，如图4-31所示。

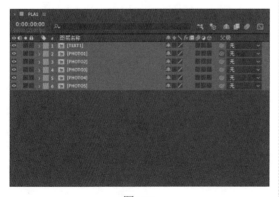

图4-30

图4-31

03 返回到【PLA1】合成，按住Shift键的同时选中【PHOTO1~PHOTO6】图层。然后执行【图层】菜单中的【图层样式/投影】命令，展开【图层样式/投影】选项组，设置【不透明度】参数为50%，【大小】参数为50，如图4-32所示。

图4-32

04 开启所有图层的3D图层开关和【PHOTO】图层的运动模糊开关，展开【PHOTO1】图层的【变换】选项组，设置【位置】参数为（2000，1250，1800）。展开【PHOTO2】图层的【变换】选项组，设置【位置】参数为（750，-360，1000），如图4-33所示。

图4-33

05 继续展开【PHOTO2】图层的【变换】选项组，设置【位置】参数为（750，-360，1000）。展开【PHOTO3】图层的【变换】选项组，设置【位置】参数为（960，540，2500）。展开【PHOTO4】图层的【变换】选项组，设置【位置】参数为（2500，-300，4300）。展开【PHOTO5】图层的【变换】选项组，设置【位置】参数为（-900，900，3200），如图4-34所示。

图4-34

4.3.2 制作摄像机动画

01 新建一个摄像机图层，设置【胶片大小】为36毫米，【焦距】为35毫米。继续新建一个纯色图层，设置图层名称为【NULL】并将该图层隐藏，然后在摄像机图层的【父级】下拉列表中选择【NULL】，如图4-35所示。

图4-35

02 STEP 展开【NULL】图层的【变换】选项组，设置【位置】参数为（960，3400，－200）并创建关键帧。将时间指示器拖曳到0:00:01:12，设置【位置】参数为（960，540，－200）；将时间指示器拖曳到0:00:04:15，设置【位置】参数为（960，540，250），如图4-36所示。

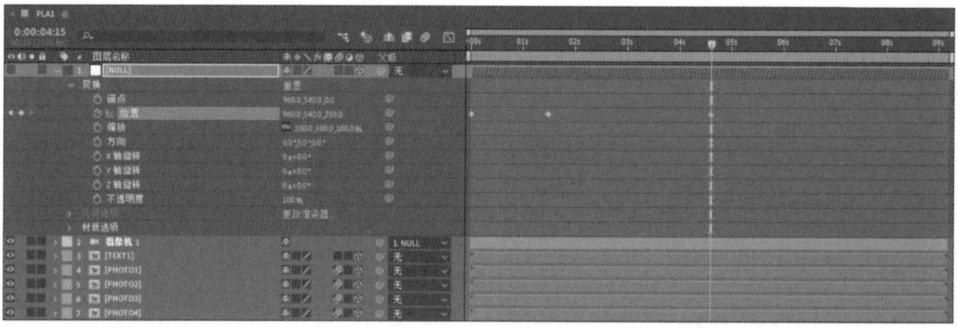

图4-36

03 STEP 将时间指示器拖曳到0:00:05:15，设置【位置】参数为（960，540，1700），单击【Y轴旋转】参数的时间变化秒表创建关键帧；将时间指示器拖曳到0:00:08:05，为【位置】参数添加一个关键帧，设置【Y轴旋转】参数为（0×＋10°）；将时间指示器拖曳到最后一帧，设置【位置】参数为（6000，540，－2000），如图4-37所示。

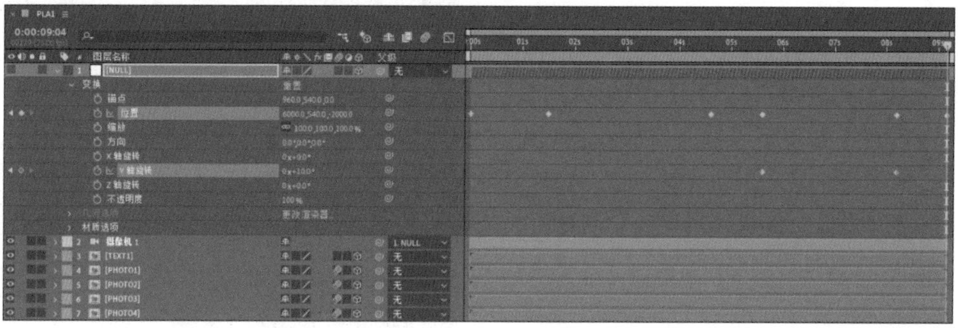

图4-37

04 STEP 展开摄像机图层的【摄像机选项】选项组，将时间指示器拖曳到0:00:01:12，设置【焦距】参数为2070像素并创建关键帧；将时间指示器拖曳到0:00:04:15，设置【焦距】参数为1620像素。将时间指示器拖曳到0:00:05:15，设置【焦距】参数为2640像素，如图4-38所示。

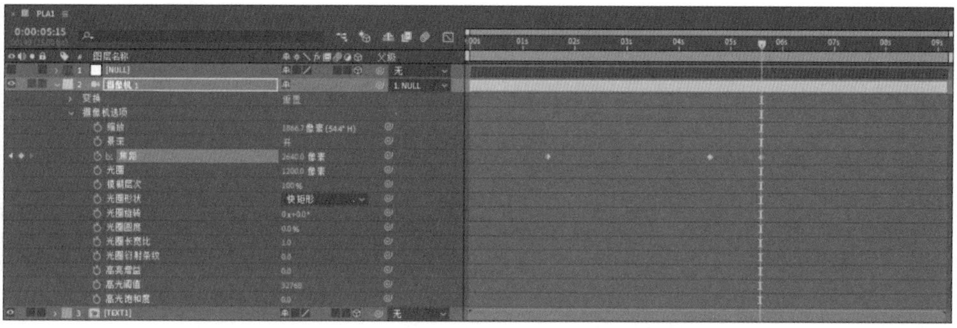

图4-38

4.3.3 覆叠与调色

01 切换到【MAIN】合成，将【项目】面板中的【Solids/VFX.mp4】拖曳到时间轴面板上，设置图层混合模式为【屏幕】。按快捷键Ctrl+Alt+Y新建一个调整图层，执行【效果】菜单中的【颜色校正/Lumetri颜色】命令，如图4-39所示。

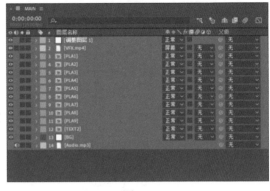

图4-39

02 在【效果控件】面板的【输入LUT】下拉列表中选择【Phantom_Rec709_Gamma】，设置【色温】参数为50，【色调】参数为-40。在【音调】选项组中设置【曝光度】参数为-0.5，【高光】参数为-30，【阴影】参数为-50，【白色】参数为30，【黑色】参数为-100，如图4-40所示。

03 展开【创意】选项组，在【Look】下拉列表中选择【Fuji F125 Kodak 2393】，设置【锐化】参数为30，【自然饱和度】参数为10。展开【晕影】选项组，设置【数量】参数为-4，【羽化】参数为100，如图4-41所示。

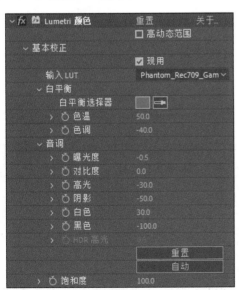

图4-40

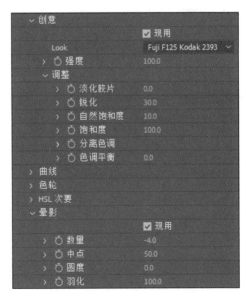

图4-41

4.4 手绘风格处理

实例简介

After Effects内置的卡通效果可以将图片和视频转换成手绘风格的画面，本例我们将把卡通效果和水墨转场结合到一起，制作素描画逐渐转换成照片的效果，让视频更具观赏性和艺术感，效果如图4-42所示。

图4-42

素材文件：附赠素材/工程文件/4.4手绘风格处理

教学视频：附赠素材/视频教学/4.4手绘风格处理

4.4.1 制作手绘效果

01 打开附赠素材中的【开始项目.aep】文件，按快捷键Ctrl＋N新建一个合成，设置合成名称为【PLA1】，【持续时间】为0:00:07:10。将【项目】面板中的【Solids/Texture2.jpg】和【Solids/Texture1.jpg】拖曳到新建合成的时间轴面板上。将【Texture2.jpg】图层的混合模式设置为【叠加】，展开【变换】选项组，设置【不透明度】参数为50%，如图4-43所示。

图4-43

02 继续将【项目】面板中的【PHOTO/PHOTO1】合成和【Solids/Ink1.mp4】拖曳到时间轴面板上，设置【PHOTO1】图层的混合模式为【变暗】，在轨道遮罩下拉列表中选择【亮度反转遮罩[Ink1.mp4]】。展开【变换】选项组，设置【不透明度】参数为50％，如图4-44所示。

图4-44

03 执行【效果】菜单中的【风格化/卡通】命令，在【效果控件】面板的【渲染】下拉列表中选择【边缘】，设置【细节半径】参数为10，【细节阈值】参数为20。展开【高级】选项组，设置【边缘黑色阶】参数为0.3，如图4-45所示。

图4-45

04 再次将【Solids/Ink1.mp4】拖曳到时间轴面板上，设置图层混合模式为【叠加】。执行【效果】菜单中的【颜色校正/色调】命令，在【效果控件】面板中设置【将黑色映射到】颜色为#997C3F，【将白色映射到】颜色为#333333，设置【着色数量】参数为50％，如图4-46所示。

图4-46

05 同时选中两个【Ink1.mp4】图层和【PHOTO1】图层，按快捷键Ctrl＋D复制图层，然后参照图4-47所示调整图层顺序。选中两个复制的【Ink1.mp4】图层，按住Alt键不放，将【项目】面板中的【Solids/Ink2.mp4】拖曳到选中的图层上进行替换。展开第一个【PHOTO1】图层的【变换】选项组，设置【不透明度】参数为100％。

图4-47

4.4.2 制作水墨晕染效果

01 STEP 按快捷键Ctrl＋N新建一个合成，设置合成名称为【INK1】，【持续时间】为0:00:03:20。依次将【项目】面板中的【Solids/01.jpg】【Solids/Ink3.mp4】【Solids/01.jpg】和【Solids/Ink4.mp4】拖曳到新建合成的时间轴面板上，如图4-48所示。

图4-48

02 STEP 设置第一个【01.jpg】图层的混合模式为【叠加】，然后展开第二个【01.jpg】图层的【变换】选项组，设置【不透明度】参数为85%，在两个【01.jpg】图层的轨道遮罩下拉列表中选择【亮度反转遮罩】，如图4-49所示。

图4-49

03 STEP 切换到【PLA1】合成，新建一个摄像机图层和一个纯色图层，将纯色图层命名为【NULL】并将其隐藏。在摄像机图层的【父级】下拉列表中选择【NULL】，如图4-50所示。

图4-50

04 STEP 开启所有图层的3D图层开关，然后展开【NULL】图层的【变换】选项组，单击【位置】、【Y轴旋转】和【Z轴旋转】参数的时间变化秒表创建关键帧。将时间指示器拖曳到最后一帧，设置【位置】参数为（960，500，600），【Y轴旋转】和【Z轴旋转】参数均为（0×＋12°），如图4-51所示。

图4-51

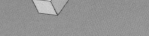

05 新建一个调整图层，执行【效果】菜单中的【扭曲/光学补偿】命令，在【效果控件】面板中设置【视场（FOV）】参数为50，勾选【反转镜头扭曲】复选框，如图4-52所示。

图4-52

4.4.3 过渡和调色处理

01 再次新建一个合成，设置合成名称为【MAIN】，【持续时间】为0:00:44:00。按快捷键Ctrl+D在【项目】面板中复制5个【PLA】合成，并将复制的合成和【Solids/Audio.mp3】拖曳到时间轴面板上。选中所有【PLA】合成，然后执行【动画】菜单中的【关键帧辅助/序列图层】命令，直接在打开的对话框中单击【确定】按钮排列图层，结果如图4-53所示。

图4-53

02 新建一个调整图层，然后执行【效果】菜单中的【颜色校正/Lumetri颜色】命令，在【效果控件】面板中展开【创意】选项组，在【Look】下拉列表中选择【SL CLEAN FUJI A HDR】，设置【锐化】参数为20，【自然饱和度】参数为50。展开【晕影】选项组，设置【数量】参数为－4，【羽化】参数为100，如图4-54所示。

图4-54

03 执行【效果】菜单中的【杂色和颗粒/添加颗粒】命令，在【效果控件】面板的【查看模式】下拉列表中选择【最终输出】，在【预设】下拉列表中选择【Eastman EXR 100T（5248）】，如图4-55所示。

图4-55

04 新建一个黑色的纯色图层，展开【变换】选项组，单击【不透明度】参数的时间变化秒表创建关键帧。将时间指示器拖曳到0:00:01:02，设置【不透明度】参数为0；将时间指示器拖曳到0:00:43:00并添加一个关键帧；将时间指示器拖曳到最后一帧，设置【不透明度】参数为100%，如图4-56所示。

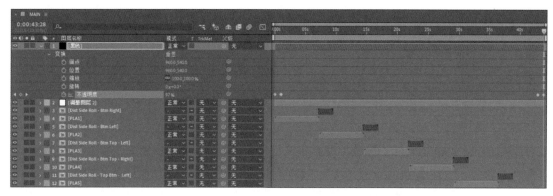

图4-56

05 在【项目】面板中展开【TRANS/DISTORTION】文件夹，将设置好的转场合成拖曳到【PLA】合成衔接的位置，然后开启折叠变换开关，如图4-57所示。切换到复制的【PLA】合成，逐个替换【PHOTO】和【INK】图层与【Ink.mp4】完成实例的制作。

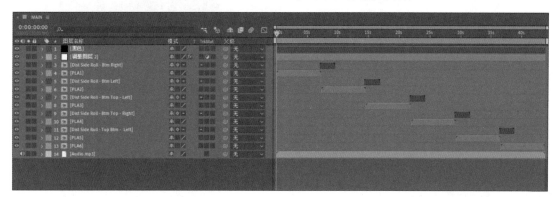

图4-57

4.5 烟雾爆发效果

实例简介

After Effects中提供了大量的内置效果，利用这些效果可以制作出各种各样的特效，进而增强视频的表现力。本例我们将制作一个预告片视频，其中的烟雾爆发和飘散特效就是完全使用内置效果模拟，实例效果如图4-58所示。

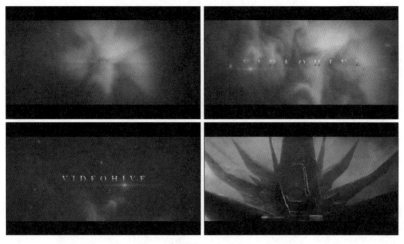

图4-58

素材文件：附赠素材/工程文件/4.5烟雾爆发效果

教学视频：附赠素材/视频教学/4.5烟雾爆发效果

4.5.1 添加背景和文本

01 打开附赠素材中的【开始项目.aep】
文件，按快捷键Ctrl＋N新建一个合成，设
置合成名称为【PLA1】，【持续时间】为
0:00:03:16。新建一个黑色的纯色图层，将
图层命名为【BG】。将【项目】面板中的
【Solids/BG.mp4】拖曳到时间轴面板上，设
置图层混合模式为【屏幕】。展开【变换】
选项组，设置【不透明度】参数为40%，如
图4-59所示。

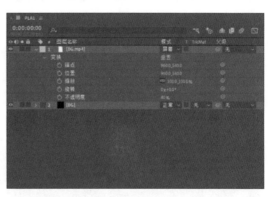

图4-59

02 将【项目】面板中的【Solids/Particle.
mp4】拖曳到时间轴面板上，设置图层混合模
式为【屏幕】。展开【变换】选项组，设置
【不透明度】参数为60%，如图4-60所示。

图4-60

03 继续将【项目】面板中的【TEXT/
TEXT1】合成拖曳到时间轴面板上，然后开
启运动模糊和3D图层开关。新建一个黑色的
纯色图层，将图层命名为【OF】，设置图
层混合模式为【屏幕】，如图4-61所示。执
行【效果】菜单中的【Video Copilot/Optical
Flares】命令，在【效果控件】面板中单击
【Options】按钮打开设置窗口。

04 在【堆栈】面板中只留下【Glow】和
【Streak】效果，设置【Streak】效果的【大
小】参数为60，【全局颜色】为#CF3333，如
图4-62所示。

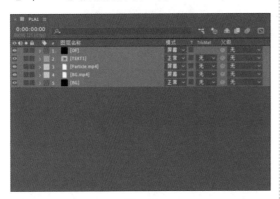

图4-61

图4-62

05 展开【效果/Optical Flares】选项组，将时间指示器拖曳到0:00:00:12，设置【位置XY】参
数为（400，600），【亮度】参数为0并创建关键帧。将时间指示器拖曳到0:00:00:13，设置
【亮度】参数为40。将时间指示器拖曳到最后一帧，设置【位置XY】参数为（1400，600），
如图4-63所示。

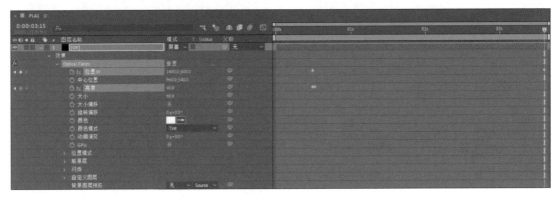

图4-63

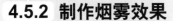

4.5.2 制作烟雾效果

01 新建一个黑色的纯色图层，设置图层名称为【SMOKE】后将其拖曳到文本图层的下方，然后设置图层混合模式为【屏幕】，同时开启运动模糊和3D图层开关。展开【变换】选项组，设置【缩放】参数为（285，285，285），如图4-64所示。

02 执行【效果】菜单中的【杂色和颗粒/分形杂色】命令，在【效果控件】面板中勾选【反转】复选框，设置【对比度】参数为220，【亮度】参数为20。展开【变换】选项组，设置【缩放】参数为570，【偏移（湍流）】参数为（−490，1570），【复杂度】参数为20。展开【演化选项】选项组，设置【随机植入】参数为200，如图4-65所示。

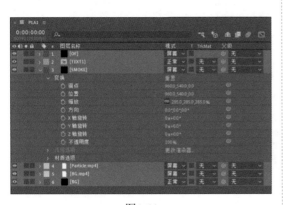

图4-64

图4-65

03 单击【亮度】【旋转】和【偏移（湍流）】参数的时间变化秒表创建关键帧。将时间指示器拖曳到0:00:02:00，设置【亮度】参数为−60。将时间指示器拖曳到最后一帧，设置【旋转】参数为（0×+19°），【偏移】参数为（−160，900）。按住Alt键的同时单击【演化】参数为时间变化秒表，输入表达式【time*66】，如图4-66所示。

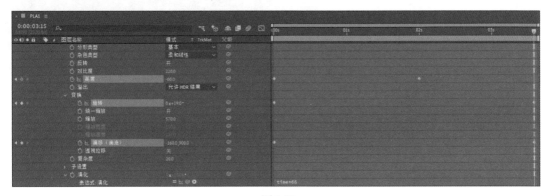

图4-66

04 继续执行【效果】菜单中的【模糊和锐化/CC Vector Blur】命令，在【效果控件】面板的【Type】下拉列表中选择【Direction Fading】，设置【Amount】参数为75。执行【效果】菜单中的【颜色校正/曲线】命令，在【效果控件】面板中参照图4-67所示调整混合曲线的形状。

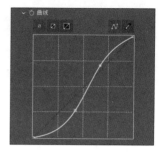

图4-67

05 按快捷键Ctrl＋D复制【SMOKE】图层，然后展开复制图层的【变换】选项组，设置【缩放】参数为（140，140，140），【不透明度】参数为60%。展开【效果/分形杂色】选项组，删除【亮度】参数的所有关键帧并将该数值设置为－40。继续设置【缩放】参数为610，【演化】参数的表达式为【time*70】，【随机植入】参数为3，如图4-68所示。

图4-68

06 新建一个灯光图层，设置【颜色】为#FFF4C1，【强度】参数为130%，【锥形角度】参数为150，如图4-69所示。

图4-69

4.5.3 摄像机和色调调整

01 新建一个摄像机图层和一个白色的纯色图层，然后将纯色图层隐藏并开启3D图层开关，在摄像机图层的【父级】下拉列表中选择【NULL】。展开NULL图层的【变换】选项组，设置【位置】参数为（960，540，－20000）并创建关键帧。将时间指示器拖曳到0:00:00:12，设置【位置】参数为（960，540，0），如图4-70所示。

图4-70

02 将【项目】面板中的【Solids/Blur.jpg】拖曳到时间轴面板上，然后将该图层隐藏。新建一个调整图层，执行【效果】菜单中的【模糊和锐化/高斯模糊】命令，在【效果控件】面板设置【模糊度】参数为200并创建关键帧。将时间指示器拖曳到0:00:00:12，设置【模糊度】参数为0，如图4-71所示。

图4-71

03 执行【效果】菜单中的【模糊和锐化/摄像机镜头模糊】命令，在【效果控件】面板中设置【模糊半径】参数为50，在【形状】下拉菜单中选择【九边形】，在【图层】下拉列表中选择【Blur.jpg】，设置【增益】和【阈值】参数均为1，如图4-72所示。

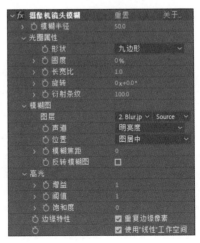

图4-72

04 STEP 执行【效果】菜单中的【颜色校正/Lumetri颜色】命令，在【效果控件】面板的【基本校正】选项组中设置【对比度】参数为30，【高光】参数为10，【阴影】参数为－10，【白色】参数为－50。展开【创意】选项组，在【Look】下拉列表中选择【SL CROSS HDR】，设置【强度】参数为80，【锐化】参数为20。展开【晕影】选项组，设置【数量】参数为－5，【羽化】参数为100，如图4-73所示。

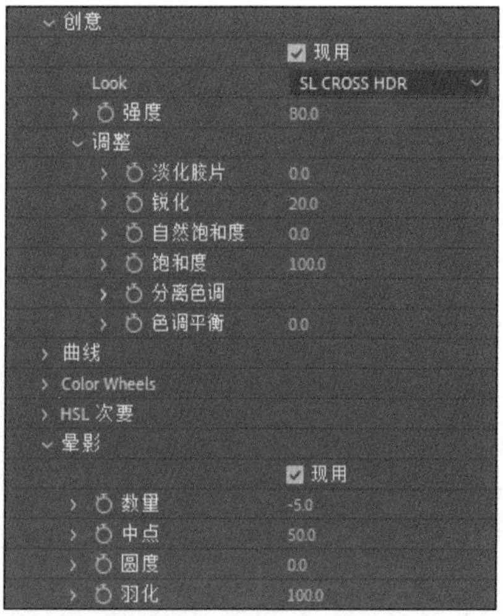

图4-73

05 STEP 执行【效果】菜单中的【杂色和颗粒/添加颗粒】命令，在【效果控件】面板的【查看模式】下拉列表中选择【最终输出】，在【预设】下拉列表中选择【Eastman EXR 100T(5248)】。在【微调】选项组中设置【强度】参数为0.5，如图4-74所示。

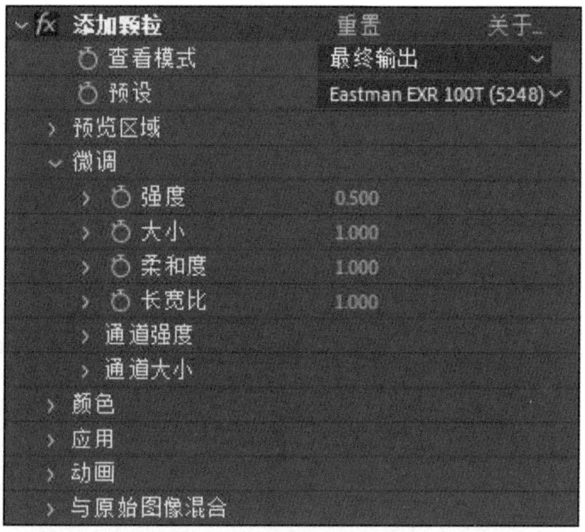

图4-74

06 STEP 新建一个黑色的纯色图层，将时间指示器拖曳到0:00:00:06，单击【不透明度】参数的时间变化秒表创建关键帧；将时间指示器拖曳到0:00:00:12，设置【不透明度】参数为0；将时间指示器拖曳到0:00:03:00，为【不透明度】参数添加一个关键帧；将时间指示器拖曳到0:00:03:10，设置【不透明度】参数为100%，如图4-75所示。

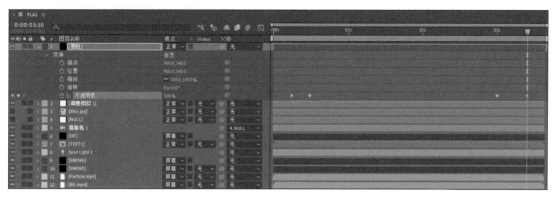

图4-75

4.5.4 合成完整影片

01 新建一个合成，设置合成名称为【MAIN】，【持续时间】为0:00:38:20。在【项目】面板中复制4个【PLA】合成，然后将复制的合成和【Solids/Audio.mp3】拖曳到时间轴面板上。在【项目】面板中展开【FILM】文件夹，将文件夹中的所有合成拖曳到时间轴面板上，参照图4-76所示调整图层顺序。

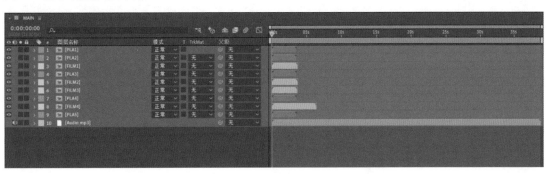

图4-76

02 选中所有图层后执行【动画】菜单中的【关键帧辅助/序列图层】命令，在打开的对话框中直接单击【确定】按钮排列图层。按住Alt键的同时拖曳【PLA5】图层的时间条，设置该图层的持续时间为0:00:05:16，如图4-77所示。切换到复制的【PLA】合成，逐个替换【TEXT】图层。

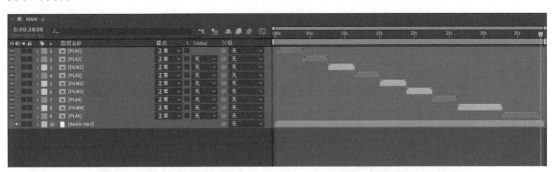

图4-77

03 新建一个黑色的纯色图层，然后按快捷键Ctrl＋Shift＋N新建蒙版。展开【蒙版/蒙版1】选项组，勾选【反转】复选框，单击【形状】按钮，在打开的对话框中设置【顶部】参数为135像素，【底部】参数为945像素，如图4-78所示。

图4-78

第**5**章

开场标志演绎视频

标志（LOGO）演绎视频通常被作为宣传视频的重要组成部分，有时也会独立展示，主要作用是向观众传达品牌形象，进而达到企业品牌打造或商品推广传播的目的。这类视频的时长一般不会超过15秒，为了在有限的时间内加深观众的印象，标志演绎视频往往会采用多种视频特效的组合，通过极具视觉冲击力的画面或独特的创意吸引观众的注意力。

在本章中，我们将制作5个不同风格的标志演绎视频，虽然数量不多，但是涵盖了常用的几种表现手法和制作思路，读者只要稍加变化，就能制作出形式多样且符合自己实际需求的视频。

5.1 扁平图形LOGO

实例简介

在平面设计、网页设计、UI/UX设计等领域，扁平化设计已成为主流趋势。扁平化设计的核心是通过简单的图形、字体和颜色的组合，达到直观简洁的设计目的，让观众更加专注于信息所要传达的内容。本例我们将制作图5-1所示的扁平化LOGO演绎视频，为了避免视觉效果过于单一，制作扁平化风格视频时要特别注意色彩的搭配和字体的运用，最好能够让简单的图形之间产生连贯的互动，从而增强视频的趣味性。

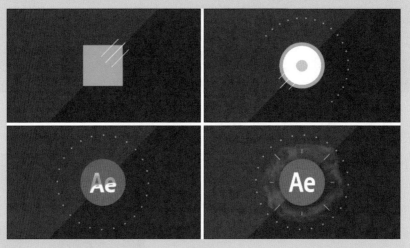

图5-1

素材文件：附赠素材/工程文件/5.1扁平图形LOGO

教学视频：附赠素材/视频教学/5.1扁平图形LOGO

5.1.1 制作背景和图形动画

01 运行After Effects软件后按快捷键Ctrl＋N
新建合成，设置合成名称为【MAIN】，【持
续时间】为0:00:07:00。按快捷键Ctrl＋I从附
赠素材的footage文件夹中导入所有文件。将
【项目】面板中的【Audio.mp3】拖曳到时间
轴面板上，然后新建一个纯色图层，设置颜色
值为#292929。新建一个调整图层，并按快捷
键Ctrl＋Shift＋N创建蒙版，在合成视图中参照
图5-2所示调整蒙版的形状。

图5-2

02 执行【效果】菜单中的【颜色校正/亮度
和对比度】命令，在【效果控件】面板中设置
【亮度】参数为50。再次创建一个调整图层，
执行【效果】菜单中的【过渡/百叶窗】命令，
在【效果控件】面板中设置【过渡完成】参
数为15%，【方向】参数为（0×＋45°），
如图5-3所示。

03 新建一个形状图层，并开启3D图层开
关。在时间轴面板中单击【内容】选项组右
侧的【添加】按钮，在弹出的菜单中依次选
择【矩形】和【填充】。展开【矩形路径】选
项组，设置【大小】参数为（390，390）。
展开【填充1】选项组，设置【颜色】为
#18BCD7，如图5-4所示。

图5-3

图5-4

04 展开【变换】选项组，设置【X轴旋转】参数为（0×＋90°）并创建关键帧。将时间指示
器拖曳到0:00:00:15，设置【X轴旋转】参数为（0×＋0°）；将时间指示器拖曳到0:00:01:00，
为【Z轴旋转】参数创建关键帧；将时间指示器拖曳到0:00:01:15，为【缩放】参数创建关键帧；
将时间指示器拖曳到0:00:02:00，设置【Z轴旋转】参数为（0×＋180°），【缩放】参数为（0，
0，0）。选中所有关键帧，按快捷键F9将插值设置为贝塞尔曲线，如图5-5所示。

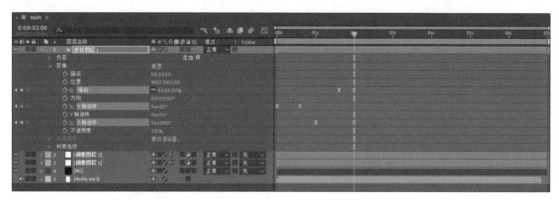

图5-5

05 再次创建一个形状图层，单击【内容】
选项组右侧的【添加】按钮，在弹出的菜单中
依次选择【椭圆】和【填充】。展开【椭圆路
径1】选项组，设置【大小】参数为（440，
440）。展开【填充1】选项组，设置【颜色】
为#18BCD7，如图5-6所示。

图5-6

06 展开【变换】选项组，将时间指示器拖曳到0:00:01:08，为【缩放】参数创建关键帧。将
时间指示器拖曳到0:00:01:23，设置【缩放】参数为（100，100），并将第二个关键帧的插值
设置为贝塞尔曲线，如图5-7所示。

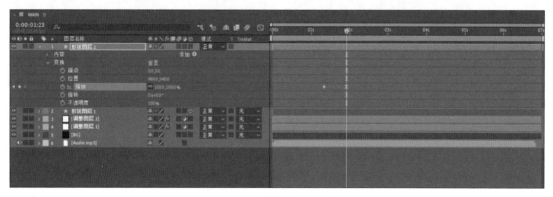

图5-7

07 复制【形状图层2】后展开【形状图层3】的【内容/填充】选项组，设置【颜色】为白色。
展开【变换】选项组，将【缩放】参数的第一个关键帧拖曳到0:00:01:17，第二个关键帧拖曳到
0:00:02:02，如图5-8所示。

图5-8

08 再次复制两个【形状图层3】，设置【形状图层4】的填充颜色为#EFC954。展开【变换】
选项组，选中【缩放】参数的两个关键帧后将第一个关键帧拖曳到0:00:01:22。设置【形状图层
5】的填充颜色为#D23B4C。展开【变换】选项组，选中【缩放】参数的两个关键帧后将第一个
关键帧拖曳到0:00:02:02，如图5-9所示。

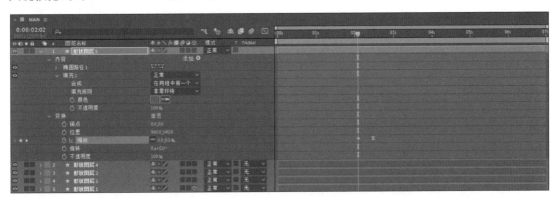

图5-9

5.1.2 制作LOGO动画

01 按快捷键Ctrl＋N新建一个合成，设置
合成名称为【LOGO】。将【项目】面板中
的【Logo.png】拖曳到新建的合成中，展开
【变换】选项组，设置【缩放】参数为（20，
20）%，如图5-10所示。切换到【MAIN】合
成，将【项目】面板中的【LOGO】合成拖曳
到时间轴面板上。

图5-10

02 执行【效果】菜单中的【生成/填充】
命令，在【效果控件】面板中设置【颜色】
为#18BCD7。执行【效果】菜单中的【扭曲/
CC Page Turn】命令，在【效果控件】面板的
【Controls】下拉列表中选择【Classic UI】，设
置【Fold Direction】参数为（0×+170°），
【Fold Radius】参数为150，如图5-11所示。

图5-11

03 将时间指示器拖曳到0:00:01:22，设置【Fold Position】参数为（950，1500）并创建关
键帧；将时间指示器拖曳到0:00:03:12，设置【Fold Position】参数为（1300，0）。展开【变
换】选项组，将时间指示器拖曳到0:00:02:17，设置【不透明度】参数为0并创建关键帧；将时
间指示器拖曳到0:00:02:18，设置【不透明度】参数为100%，如图5-12所示。

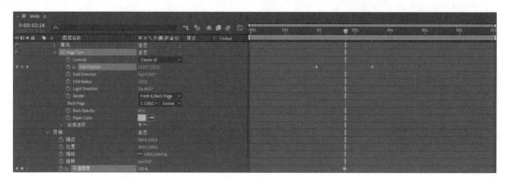

图5-12

04 复制3个【LOGO】图层，然后选中第二个【LOGO】图层，修改其填充颜色为#EFC954。
选中第二个图层的所有关键帧，将第一个关键帧拖曳到0:00:02:00。选中第三个【LOGO】
图层，修改其填充颜色为#6CB133。选中第三个图层的所有关键帧，将第一个关键帧拖曳到
0:00:02:03。选中第四个【LOGO】图层，修改其填充颜色为白色。选中第四个图层的所有关键
帧，将第一个关键帧拖曳到0:00:02:06，如图5-13所示。

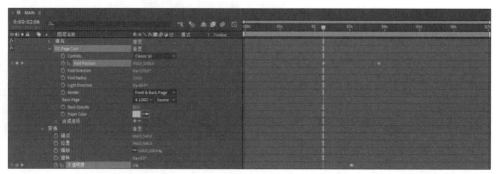

图5-13

05 新建一个文本图层，输入文本后设置字体为【思源黑体】，字体样式为【Normal】，字体大小为45像素，字符间距为100。展开【变换】选项组，将时间指示器拖曳到0:00:03:12，设置【不透明度】参数为0并创建关键帧；将时间指示器拖曳到0:00:05:00，设置【不透明度】参数为100%，如图5-14所示。

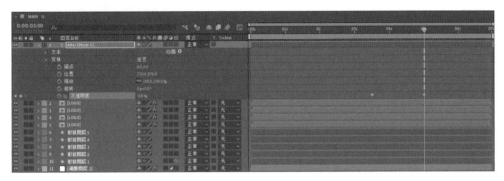

图5-14

5.1.3 制作更多动画元素

01 激活工具栏上的【椭圆工具】，按住 Shift键在合成视图中新建一个圆形，设置填充颜色为白色，【描边】参数为0。开启3D图层开关后单击【内容】选项组右侧的【添加】按钮，在弹出的菜单中选择【中继器】。展开【椭圆/椭圆路径1】选项组，设置【大小】参数为（15，15）。展开【变换：椭圆1】选项组，设置【位置】参数为（-450，0），如图5-15所示。

图5-15

02 展开【中继器1】和【变换：中继器1】选项组，设置【位置】参数为（0，0），【副本】参数为0。将时间指示器拖曳到0:00:00:19，为【副本】和【旋转】参数创建关键帧；将时间指示器拖曳到0:00:02:09，设置【副本】参数为24，【旋转】参数为（0×+15°），如图5-16所示。

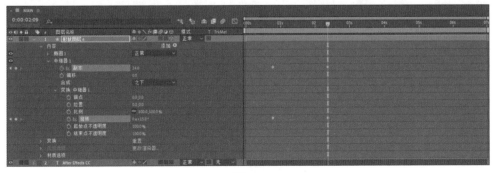

图5-16

03 展开【变换】选项组，将时间指示器拖曳到0:00:00:19，为【Z轴旋转】参数创建关键帧；将时间指示器拖曳到最后一帧，设置【Z轴旋转】参数为（0×＋200°）；将时间指示器拖曳到0:00:01:00，设置【不透明度】参数为0并创建关键帧。将时间指示器拖曳到0:00:01:18，设置【不透明度】参数为100%，如图5-17所示。

图5-17

04 按快捷键G激活【钢笔工具】 ，在合成视图中按住Shift键绘制一条水平线段。展开【形状1/描边】选项组，设置【颜色】为白色，【描边宽度】为4，在【线段端点】下拉列表中选择【圆头端点】。展开【变换】选项组，设置【旋转】参数为（0×＋135°），如图5-18所示。

图5-18

05 单击【内容】选项组右侧的【添加】按钮，在弹出的菜单中选择【修剪路径】。展开【形状/修剪路径】选项组，将时间指示器拖曳到0:00:00:18，设置【结束】参数为0并创建关键帧。将时间指示器拖曳到0:00:01:09，设置【结束】参数为100%；将时间指示器拖曳到0:00:01:12，为【开始】参数创建关键帧；将时间指示器拖曳到0:00:02:02，设置【开始】参数为100%，如图5-19所示。

图5-19

06 复制两个线条形状图层，在合成视图中
参照图5-20所示调整线条的位置。激活【钢笔
工具】，再次绘制一条水平路径，设置【描
边宽度】为4，在【线段端点】下拉列表中选
择【圆头端点】。展开【变换】选项组，设置
【不透明度】参数为75%。

图5-20

07 单击【内容】选项组右侧的【添加】按钮，在弹出的菜单中依次选择【修剪路径】和【中
继器】。展开【修剪路径1】选项组，将时间指示器拖曳到0:00:03:02，设置【开始】参数为
100%并创建关键帧；将时间指示器拖曳到0:00:03:12，设置【开始】参数为0并为【结束】参数
创建关键帧；将时间指示器拖曳到0:00:03:22，设置【结束】参数为0，如图5-21所示。

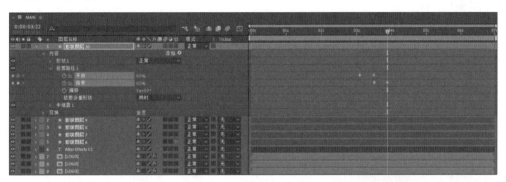

图5-21

08 展开【中继器1】和【变换：中继器1】选
项组，设置【副本】参数为4，【位置】参数为
（0，0），【旋转】参数为（0×＋90°），
如图5-22所示。复制编辑完成的线条形状图层，
在【形状/描边】选项组中设置【描边宽度】
参数为12。展开【变换：形状】选项组，设置
【比例】参数为（40，40）。展开【变换】选
项组，设置【旋转】参数为（0×＋45°）。

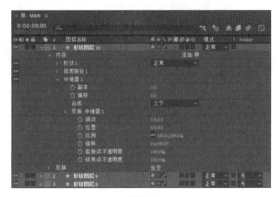

图5-22

09 将【项目】面板中【Smoke.mp4】拖曳到调整图层的上方，然后设置图层混合模式为【屏
幕】，图层的入点为0:00:03:05，完成实例的制作，如图5-23所示。

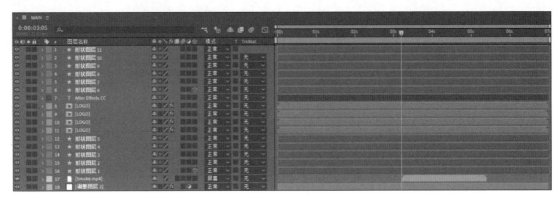

图5-23

5.2 明亮过光LOGO

实例简介

本例制作的标志演绎视频干净、明快，特别适用于宣传视频的片尾部分，效果如图5-24所示。本例重点学习利用内置程序制作玻璃质感标志和彩色长阴影的方法，在很多类型的视频中都会用到类似的效果。

图5-24

素材文件：附赠素材/工程文件/5.2明亮过光LOGO

教学视频：附赠素材/视频教学/5.2明亮过光LOGO

5.2.1 制作玻璃文字

01 运行After Effects软件后按快捷键Ctrl+N
新建合成，设置合成名称为【MAIN】，【持
续时间】为0:00:07:00。按快捷键Ctrl+I从附
赠素材的footage文件夹中导入所有文件。再次
新建一个合成，设置合成名称为【TEXT1】。
将【项目】面板中的【Logo.png】拖曳到新
建的合成中，展开【变换】选项组，设置【缩
放】参数为（55，55）%，如图5-25所示。

图5-25

02 执行【效果】面板中的【过渡/CC Grid Wipe】命令，在【效果控件】面板中设置
【Center】参数为（1600，244），【Border】参数为30，【Tiles】参数为20，【Completion】
参数为100%并创建关键帧，将时间指示器拖曳到0:00:02:15，设置【Completion】参数为3%，
如图5-26所示。

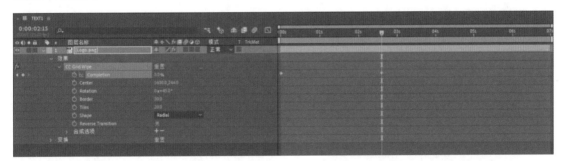

图5-26

03 再次新建一个合成，设置合成名称为【REFLECT】。将【项目】面板中的【Reflect.jpg】
拖曳到时间轴面板上，展开【变换】选项组，设置【缩放】参数为（140，140）%，【位置】
参数为（1540，540）并创建关键帧。将时间指示器拖曳到最后一帧，设置【位置】参数为
（380，540），如图5-27所示。

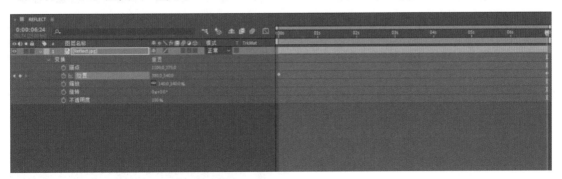

图5-27

04 按快捷键Ctrl＋N创建一个新合成，设置合成名称为【GLASS1】。在【项目】面板中复制【TEXT1】合成，然后将【TEXT1】、【REFLECT】和【TEXT2】合成拖曳到新建的合成中。隐藏【TEXT1】图层，在【REFLECT】图层的轨道遮罩下拉列表中选择【Alpha遮罩"TEXT1"】，如图5-28所示。

图5-28

05 选中【REFLECT】图层，然后执行【效果】菜单中的【风格化/CC Glass】命令，在【效果控件】面板的【Bump Map】下拉列表中选择【3.TEXT2】，设置【Softness】参数为50，【Height】参数为100，【Displacement】参数为－300。继续执行【效果】菜单中的【扭曲/CC Blobbylize】命令，在【效果控件】面板的【Blob Layer】下拉列表中选择【3.TEXT2】，设置【Softness】参数为5，【Cut Away】参数为3，如图5-29所示。

06 双击【TEXT2】合成后选中【Logo.png】图层，执行【效果】菜单中的【生成/填充】命令，在【效果控件】面板中设置填充颜色为黑色。按快捷键Ctrl＋D复制【Logo.png】图层，然后选中复制的图层，执行【效果】菜单中的【生成/填充】命令，在【效果控件】面板中设置填充颜色为白色。继续执行【效果】菜单中的【遮罩/简单阻塞工具】命令，在【效果控件】面板中设置【阻塞遮罩】为5，如图5-30所示。

图5-29

图5-30

07 新建一个调整图层，执行【效果】菜单中的【模糊和锐化/快速方框模糊】命令，在【效果控件】面板的设置【模糊半径】参数为4，如图5-31所示。在【项目】面板中复制【GLASS1】合成，然后双击【GLASS2】合成，将【REFLECT】和【TEXT2】图层删除并显示【TEXT1】图层。

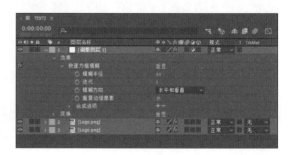

图5-31

08 选中【TEXT1】图层，执行【图层】菜单中的【图层样式/描边】命令，设置【大小】参数为3，【不透明度】参数为75%。将【项目】面板中的【GLASS1】合成拖曳到时间轴面板上，设置图层混合模式为【变亮】。展开【变换】选项组，设置【不透明度】参数为50%，如图5-32所示。

图5-32

5.2.2 制作过光效果

01 在【项目】面板中双击切换到【MAIN】合成，新建一个纯色图层，设置图层名称为【BG】，图层颜色为#B9B9B9。将【GLASS2】合成拖曳到时间轴面板上，然后执行【效果】菜单中的【生成/CC Light Sweep】命令。将时间指示器拖曳到0:00:04:20，设置【Center】参数为（380，270）；将时间指示器拖曳到0:00:05:10，设置【Center】参数为（1320，270），如图5-33所示。

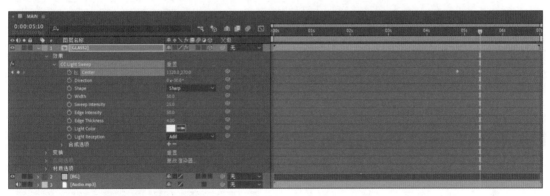

图5-33

02 新建一个摄像机图层，设置【焦距】参数为50毫米。新建一个调整图层，将图层命名为【NULL】。在摄像机图层的【父级】下拉列表中选择【1.NULL】，然后开启【NULL】和【GLASS2】图层的3D图层开关，如图5-34所示。

图5-34

03 展开【NULL】图层的【变换】选项组，设置【X轴旋转】参数为（0×+10°），【Y轴旋转】参数为（0×+60°），【Z轴旋转】参数为（0×+50°），并为这3个参数创建关键

帧。将时间指示器拖曳到0:00:02:20，设置【X轴旋转】【Y轴旋转】和【Z轴旋转】参数均为
（0×＋0°），如图5-35所示。

图5-35

04 设置【位置】参数为（600，480，0），【缩放】参数为（20，20，20）%，并为这两个
参数创建关键帧。将时间指示器拖曳到0:00:02:20，设置【位置】参数为（960，540，0），
【缩放】参数为（80，80，80）%。将时间指示器拖曳到最后一帧，设置【缩放】参数为
（90，90，90）%，如图5-36所示。

图5-36

05 新建一个纯色图层，设置图层名称为
【OF】，图层混合模式为【相加】。执行
【效果】菜单中的【Video Copilot/Optical
Flares】命令，在【效果控件】面板中单击
【Options】按钮打开设置窗口。在【浏览
器】面板中单击【预设浏览器】，然后单击
【Pro Presets 2】文件夹中的【Robot Light】
预设，如图5-37所示。

图5-37

06 在【编辑器】面板中设置【大小】参数为150%。选中倒数第二个【Ring】效果，设置【亮度】参数为165，【大小】参数为200%，如图5-38所示。单击窗口右上角的【OK】按钮完成设置。

图5-38

07 在时间轴面板中展开【效果/Optical Flares】选项组，设置【Brightness】参数为35，【Scale】参数为170，【Position XY】参数为（-300，1300）。将时间指示器拖拽到0:00:02:10，为【Position XY】和【Center Position】参数创建关键帧。将时间指示器拖曳到0:00:03:10，设置【Position XY】参数为（2200，-150），【Center Position】参数为（900，450）。将时间指示器拖曳到最后一帧，设置【Center Position】参数为（-1000，1500），如图5-39所示。

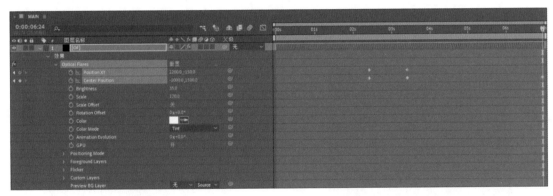

图5-39

5.2.3 制作投影与调色

01 将【项目】面板中的【TEXT1】合成拖曳到时间轴面板的【GLASS2】图层下方，然后开启3D图层开关。执行【效果】菜单中的【模糊和锐化/CC Radial Fast Blur】命令，在【效果控件】面板中设置【Center】参数为（1400，-370），【Amount】参数为85。展开【变换】选项组，设置【不透明度】参数为80%，如图5-40所示。

图5-40

02 STEP 复制【TEXT1】图层。选中复制的图层，设置【Amount】参数为45。执行【效果】菜单中的【生成/填充】命令，在【效果控件】面板中设置填充【颜色】为黑色，如图5-41所示。

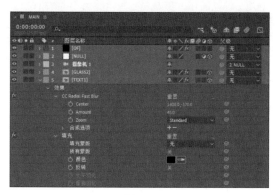

图5-41

03 STEP 新建一个调整图层，执行【效果】菜单中的【颜色校正/Lumetri颜色】命令，在【效果控件】面板中展开【基本校正】选项组，设置【色温】参数为－8，【曝光度】参数为0.3，【高光】参数为50，如图5-42所示。

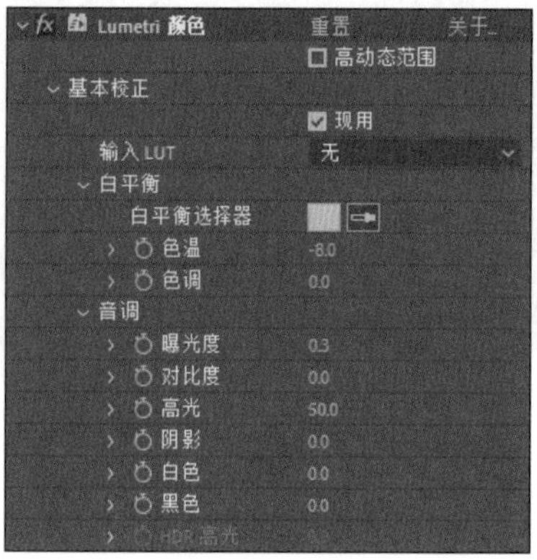

图5-42

04 STEP 展开【创意】选项组，在【Look】下拉列表中选择【SL BIG HDR】，设置【锐化】参数为20，【自然饱和度】参数为40。展开【晕影】选项组，设置【数量】参数为－2.5，【羽化】参数为80，如图5-43所示。

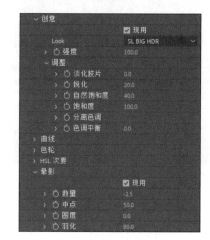

图5-43

5.3 手绘涂抹LOGO

实例简介

本例制作的视频和前一个实例的视频整体结构类似，都是在光效过渡后展示完整的LOGO。最显著的区别是，本例将动态手绘样式和笔刷涂抹填充效果结合到了一起，制作起来难度较高，效果也更出色，可以给观众留下更加深刻的印象，实例效果如图5-44所示。

图5-44

素材文件：附赠素材/工程文件/5.3手绘涂抹LOGO

教学视频：附赠素材/视频教学/5.3手绘涂抹LOGO

5.3.1 制作手绘效果

 打开附赠素材中的【开始项目.aep】文件，按快捷键Ctrl＋N新建一个合成，设置合成名称为【OUT】，【持续时间】为0:00:04:18。将【项目】面板中的【LOGO】合成拖曳到时间轴面板上，然后执行【效果】菜单中的【生成/填充】命令，在【效果控件】面板中设置填充【颜色】为白色，如图5-45所示。

02 STEP 按快捷键Ctrl＋D复制【LOGO】图层，并修改其填充【颜色】为黑色。执行【效果】菜单中的【遮罩/简单阻塞工具】命令，在【效果控件】面板中设置【阻塞遮罩】参数为4，在第二个【LOGO】图层的轨道遮罩下拉列表中选择【Alpha反转遮罩"LOGO"】，如图5-46所示。

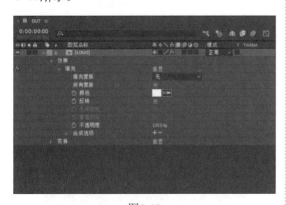

图5-45

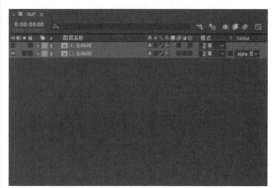

图5-46

03 STEP 新建一个名称为【REVE1】，【持续时间】为0:00:04:18的合成，然后将【项目】面板中的【OUT】合成拖曳到时间轴面板上。执行【效果】菜单中的【生成/填充】命令，在【效果控件】面板中设置填充【颜色】为黑色。执行【效果】菜单中的【生成/勾画】命令，在【效果控件】面板中展开【图像等高线】选项组，在【输入图层】下拉列表中选择【1.OUT】，设置【阈值】参数为1，如图5-47所示。

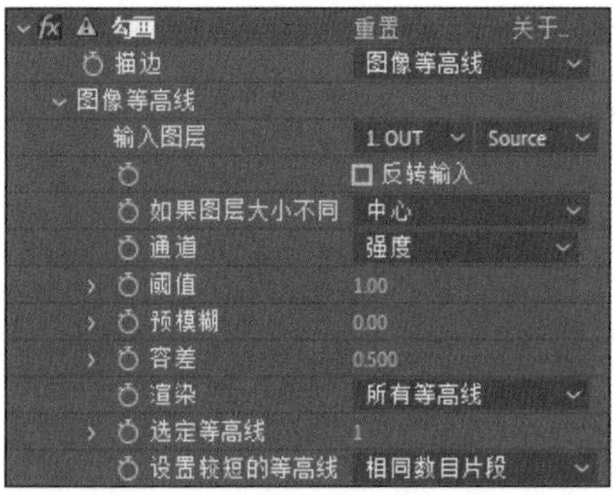

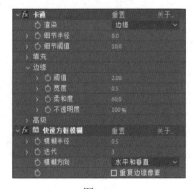

图5-47

04 STEP 在【混合模式】下拉列表中选择【模板】，设置【宽度】参数为2.5，【片段】和【结束点不透明度】参数为1，【长度】参数为0并创建关键帧，如图5-48所示。将时间指示器拖曳到最后一帧，设置【长度】参数为1。

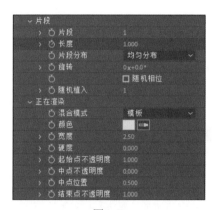

图5-48

05 STEP 新建一个名称为【IN1】，【持续时间】为0:00:04:18的合成，将【项目】面板中的【LOGO】合成拖曳到时间轴面板上。执行【效果】菜单中的【风格化/卡通】命令，在【效果控件】面板的【渲染】下拉列表中选择【边缘】，设置【阈值】参数为2，【宽度】参数为0.5。执行【效果】菜单中的【模糊和锐化/快速方框模糊】命令，在【效果控件】面板中设置【模糊半径】参数为0.5，如图5-49所示。

图5-49

06 STEP 在【项目】面板中复制【IN1】合成，然后双击复制的合成，设置【快速方框模糊】效果的【模糊半径】参数为4。继续在【项目】面板中复制【IN2】合成，然后双击复制的合成，将【快速方框模糊】效果删除，设置【卡通】效果的【宽度】参数为2。展开【高级】选项组，设置【边缘增强】参数为－25，【边缘对比度】参数为0.75，如图5-50所示。

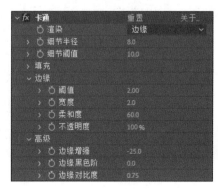

图5-50

07 在【项目】面板中复制【REVE1】合成，然后双击复制的合成，选中【OUT】图层后按住Alt键的同时将【项目】面板中的【IN1】合成拖曳到【OUT】图层上进行替换。将【填充】效果删除，设置【勾画】效果的【阈值】参数为240，【容差】参数为0。在【混合模式】下拉列表中选择【透明】，设置【颜色】为#303030，【宽度】参数为1，如图5-51所示。

08 在【项目】面板中复制【REVE2】合成，然后双击复制的合成，利用【项目】面板中的【IN2】合成替换【IN1】图层。勾选【随机相位】复选框，设置【颜色】为#808080，【宽度】参数为0.8，如图5-52所示。

图5-51

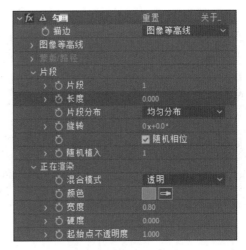

图5-52

5.3.2 制作笔刷涂抹效果

01 新建一个名称为【BRUS1】，【持续时间】为0:00:04:18的合成，将【项目】面板中的【LOGO】、【IN3】合成和【Solids/Brush.mov】拖曳到时间轴面板上。选中【LOGO】图层，执行【效果】菜单中的【颜色校正/色调】命令。在【IN3】图层的轨道遮罩下拉列表中选择【亮度遮罩"Brush.mov"】，设置图层混合模式为【模板亮度】，如图5-53所示。

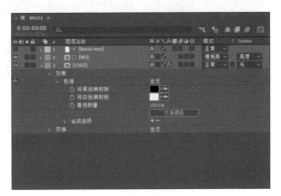

图5-53

02 在【项目】面板中复制【BRUS1】合成，然后双击复制的合成，将【IN3】图层删除，同时将【LOGO】图层的【色调】效果删除。在【LOGO】图层的轨道遮罩下拉列表中选择【亮度遮罩"Brush.mov"】，如图5-54所示。选中【Brush.mov】图层，在合成视图上单击鼠标右键，从弹出的快捷菜单中选择【变换/水平翻转】。

03 切换到【MAIN】合成，将【项目】面板中的【Solids/Texture1.jpg】和【Solids/Texture2.png】拖曳到时间轴面板上。同时选中两个图层，执行【效果】菜单中的【风格化/动态拼贴】命令，在【效果控件】面板中设置【输出宽度】和【输出高度】参数均为200，【镜像边缘】为【开】。设置【Solids/Texture2.png】图层的混合模式为【相加】，如图5-55所示。

图5-54

图5-55

04 依次将【项目】面板中的【REVE1】【REVE2】【REVE3】【BRUS1】和【BRUS2】合成拖曳到时间轴面板上，然后开启所有图层的3D图层开关。设置【BRUS1】图层的入点为0:00:02:08，【BRUS2】图层的入点为0:00:03:13，如图5-56所示。

图5-56

05 新建一个文本图层并输入LOGO文字，然后设置字体为【Bebas】，字体大小为85像素，【字符间距】为100。设置文本图层的入点为0:00:04:18，展开【变换】选项组，设置【不透明度】参数为0并创建关键帧。将时间指示器拖曳到0:00:06:12，设置【不透明度】参数为100%。继续将【项目】面板中的【LOGO】合成拖曳到时间轴面板上，设置入点为0:00:04:18，如图5-57所示。

图5-57

5.3.3 添加摄像机和光效

01
STEP
新建一个摄像机图层，设置【焦距】参数为35毫米。新建一个纯色图层，将图层命名为
【NULL】后隐藏该图层。在摄像机图层的【父级】下拉列表中选择【1.NULL】，设置摄像机和
【NULL】图层的出点为0:00:02:09。展开摄像机图层的【摄像机选项】选项组，设置【焦距】
参数为1877像素，【光圈】参数为800像素，如图5-58所示。

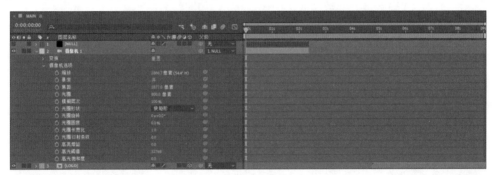

图5-58

02
STEP
开启【NULL】图层的3D图层开关。展开【变换】选项组，设置【位置】参数为（910，
515），【缩放】参数为（18，18，18）%，【X轴旋转】参数为（0×+57°），【Y轴旋转】参
数为（0×+36°），并为这几个参数创建关键帧，继续设置【Z轴旋转】参数为（0×+5°）。
将时间指示器拖曳到0:00:02:09，设置【位置】参数为（940，460），【缩放】参数为（30，
30，30）%，【X轴旋转】参数为（0×+38°），【Y轴旋转】参数为（0×+22°），如
图5-59所示。

图5-59

03 复制摄像机图层和【NULL】图层，设置
复制图层的入点为0:00:02:09。选中复制的摄
像机图层，设置【焦距】参数为1989像素。
展开【NULL】图层的【变换】选项组，设置
【位置】参数为（975，455），然后删除该
参数的所有关键帧，如图5-60所示。

图5-60

04 将时间指示器拖曳到0:00:02:09，设置【缩放】参数为（27，27，27）%，【X轴旋转】参
数为（0×+40°），【Y轴旋转】参数为（0×-36°），【Z轴旋转】参数为（0×+0°）；
将时间指示器拖曳到0:00:04:18，设置【缩放】参数为（50，50，50）%，【X轴旋转】参数为
（0×+20°），【Y轴旋转】参数为（0×-18°），如图5-61所示。

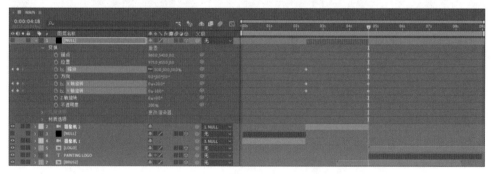

图5-61

05 再次复制摄像机和【NULL】图层，然后设置复制图层的入点为0:00:04:18，图层的出点为
最后一帧。选中复制的摄像机图层，将【景深】设置为【关】。展开【NULL】图层的【变换】
选项组，将【缩放】参数以外的所有关键帧删除，然后单击【重置】按钮，设置【缩放】参数
为（75，75，75）%，将时间指示器拖曳到0:00:08:00，设置【缩放】参数为（100，100，
100）%，如图5-62所示。

图5-62

06 新建一个纯色图层，设置纯色图层的颜色为黑色，图层名称为【OF】。设置纯色图层的入点为0:00:04:08，图层的出点为0:00:05:03，图层混合模式为【屏幕】。执行【效果】菜单中的【Video Copilot/Optical Flares】命令，在【效果控件】面板中单击【Options】按钮打开设置窗口。在【浏览器】面板中单击【预设浏览器】，然后单击【Pro Presets】文件夹中的【Big Bang】预设，如图5-63所示。

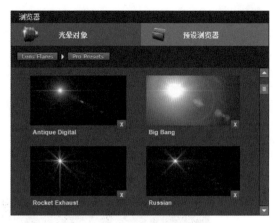

图5-63

07 将时间指示器拖曳到0:00:04:08，在时间轴面板中设置【位置XY】参数为（0，0）并创建关键帧；将时间指示器拖曳到0:00:05:03，设置【位置 XY】参数为（1920，1080），如图5-64所示。

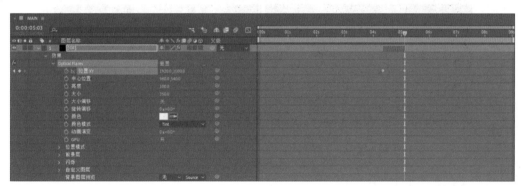

图5-64

08 新建一个调整图层，执行【效果】菜单中的【颜色校正/Lumetri颜色】命令，在【效果控件】面板中展开【基本校正】选项组，设置【曝光度】参数为1。展开【创意】选项组，在【Look】下拉列表中选择【SL CROSS HDR】，设置【强度】参数为50，【锐化】参数为20。展开【晕影】选项组，设置【数量】参数为－5，【羽化】参数为100，如图5-65所示。执行【效果】菜单中的【扭曲/光学补偿】命令，在【效果控件】面板中设置【视场（FOV）】参数为50，勾选【反转镜头扭曲】复选框。

图5-65

135

5.4 火焰燃烧LOGO

实例简介

火焰燃烧、冲击波等特效极具视觉冲击力，被广泛运用在各种类型的片头中。本例将利用一款叫作Video Copilot Saber的免费插件制作标志和文本燃烧的效果，如图5-66所示。这款插件可以非常逼真地模拟出火焰、光束、电流、霓虹灯等视频特效，操作起来也非常简单，是After Effects用户的必备插件之一。

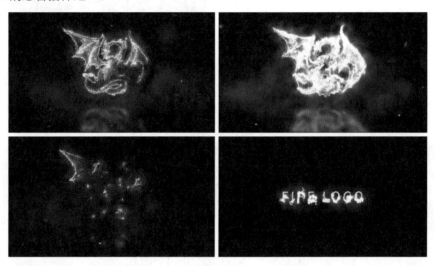

图5-66

 素材文件：附赠素材/工程文件/5.4火焰燃烧LOGO

教学视频：附赠素材/视频教学/5.4火焰燃烧LOGO

5.4.1 制作燃烧动画

01 打开附赠素材中的【开始项目.aep】文件，在【项目】面板中双击切换到【LOGO】合成。将【项目】面板中的【Solids/LOGO.png】拖曳到时间轴面板上，然后隐藏该图层。执行【效果】菜单中的【生成/填充】命令，设置填充颜色为白色。展开【变换】选项组，设置【位置】参数为（960，430），【缩放】参数为（75，75）%，如图5-67所示。

图5-67

02 执行【图层】菜单中的【自动跟踪】命令，在弹出的对话框中直接单击【确定】按钮生成蒙版，然后选中【蒙版】选项组并按快捷键Ctrl＋C复制。新建一个纯色图层，设置图层名称为【SABER】，按快捷键Ctrl＋V粘贴蒙版，设置图层混合模式为【屏幕】。展开【变换】选项组，设置【位置】参数为（960，430），【缩放】参数为（75，75）%，如图5-68所示。

03 执行【效果】菜单中的【Video Copilot/Saber】命令，在【效果控件】面板的【Preset】下拉列表中选择【Fire】，设置【Glow Intensity】和【Core Size】参数为0，【Glow Spread】参数为0.07，【Glow Bias】参数为0.4。展开【Customize Core】选项组，在【Core Type】下拉列表中选择【Layer Masks】，设置【Start Size】参数为40%，【Start Offset】参数为100%，如图5-69所示。

图5-68

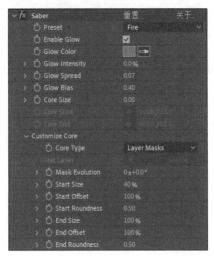

图5-69

04 单击【Glow Intensity】【Core Size】【Mask Evolution】和【Start Offset】参数的时间变化秒表创建关键帧。将时间指示器拖曳到0:00:01:20，设置【Glow Intensity】参数为15%，【Core Size】参数为5，【Start Offset】参数为0；将时间指示器拖曳到0:00:02:05，为前面3个参数添加关键帧，如图5-70所示。

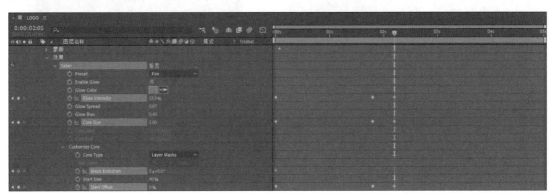

图5-70

05 将时间指示器拖曳到0:00:04:00，设置【Glow Intensity】参数为10，【Core Size】参数为4，【Mask Evolution】参数为（－1×－200°），【Start Offset】参数为90%；将时间指示器拖曳到最后一帧，设置【Glow Intensity】参数为5，【Core Size】参数为1【Mask Evolution】参数为（－1×－250°），【Start Offset】参数为100%，如图5-71所示。

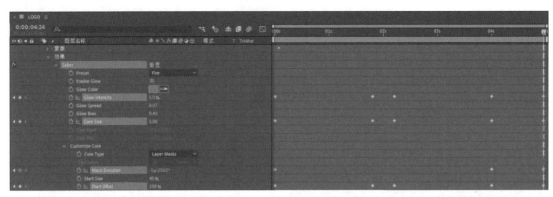

图5-71

06 按快捷键Ctrl＋D复制【SABER】图层，将复制的图层拖曳到【LOGO.png】图层下方，然后在轨道遮罩下拉列表中选择【Alpha遮罩"LOGO.png"】。执行【图层】菜单中的【图层样式/内阴影】命令，设置【大小】参数为15，如图5-72所示。

07 执行【效果】菜单中的【风格化/CC Glass】命令，在【效果控件】面板中展开【Surface】选项组，在【Bump Map】下拉列表中选择【2.LOGO.png】，在【Property】下拉列表中选择【Alpha】，设置【Softness】参数为5，【Height】参数为25，【Displacement】参数为500。展开【Shading】选项组，设置【Ambient】参数为100，【Diffuse】参数为25，如图5-73所示。

图5-72

图5-73

5.4.2 添加地面反射

01 复制最上层的【SABER】图层，将复制的图层拖曳到【Fire1.mp3】图层上方。展开【变换】选项组，设置【位置】参数为（960，1150）。取消对【缩放】参数的锁定并设置数值为（75，−75），设置【不透明度】参数为40%，如图5-74所示。

图5-74

02 将【项目】面板中的【Solids/Texture.jpg】拖曳到时间轴面板上，然后将该图层隐藏。新建一个调整图层，执行【效果】菜单中的【模糊和锐化/复合模糊】命令，在【效果控件】面板的【模糊图层】下拉列表中选择【5.Texture.jpg】，设置【最大模糊】参数为20，【反转模糊】为【开】，如图5-75所示。

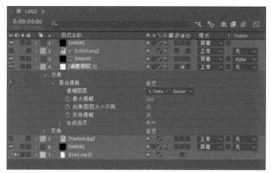

图5-75

03 将【项目】面板中的【Solids/Particles.mp4】拖曳到调整图层上方，设置图层混合模式为【屏幕】。继续将【项目】面板中的【Solids/Smoke.mp4】拖曳到【Fire1.mp3】图层上方，按快捷键Ctrl+Shift+N新建蒙版。展开【蒙版/蒙版1】选项组，设置【蒙版羽化】参数为（300，300）像素，【蒙版不透明度】参数为50%，如图5-76所示。

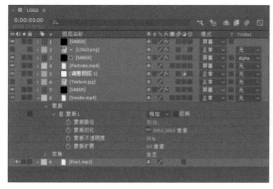

图5-76

04 单击【形状】按钮，在打开的对话框中设置【顶部】参数为400像素，【底部】参数为900像素，【右侧】参数为1920像素，勾选【重置为】复选框，并在右侧下拉列表中选择【椭圆】，单击【确定】按钮，如图5-77所示。

图5-77

5.4.3 制作文字燃烧效果

01 在【项目】面板中双击切换到【TEXT】
合成，选中文本图层，然后执行【图层】菜单
中的【自动跟踪】命令，在弹出的对话框中直
接单击【确定】按钮，复制自动追踪图层的蒙
版并隐藏该图层。新建一个纯色图层，设置图
层名称为【SABER】并粘贴蒙版，设置图层混
合模式为【屏幕】，如图5-78所示。

图5-78

02 执行【效果】菜单中的【Video Copilot/
Saber】命令，在【效果控件】面板的【Preset】
下拉列表中选择【Fire】。设置【Glow Intensity】
参数为5%，【Glow Spread】参数为0.06，
【Glow Bias】参数为0.2，【Core Size】参
数为10。展开【Customize Core】选项组，
在【Core Type】下拉列表中选择【Layer
Masks】。设置【Start Size】参数为40%，
【Start Offset】参数为100%，如图5-79所示。

图5-79

03 将时间指示器拖曳到0:00:00:05，单击【Glow Intensity】【Mask Evolution】和【Start
Offset】参数的时间变化秒表创建关键帧。将时间指示器拖曳到0:00:01:17，设置【Glow
Intensity】参数为20%，【Start Offset】参数为0；将时间指示器拖曳到0:00:03:06，设置【Glow
Intensity】参数为5%，【Mask Evolution】参数为（-1×-300°），【Start Offset】参数为
100，如图5-80所示。

图5-80

04 展开文本图层的【变换】选项组，将时间指示器拖曳到0:00:01:17，设置【不透明度】参数为0并创建关键帧；将时间指示器拖曳到0:00:02:00，设置【不透明度】参数为100%，如图5-81所示。

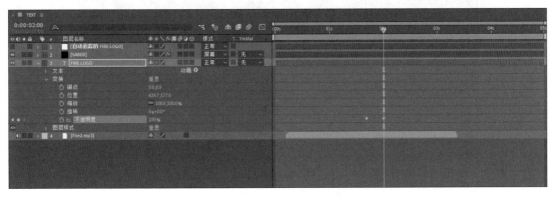

图5-81

05 切换到【MAIN】合成，新建一个调整图层并将其命名为【CC】，然后执行【效果】菜单中的【颜色校正/曲线】命令，在【效果控件】面板中参照图5-82所示进行调整。执行【效果】菜单中的【颜色校正/阴影/高光】命令，在【效果控件】面板中取消【自动数量】复选框，设置【阴影数量】参数为20。执行【效果】菜单中的【模糊和锐化/锐化】命令，在【效果控件】面板中设置【锐化量】参数为10。

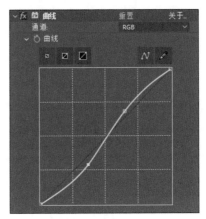

图5-82

5.5 粒子飘散LOGO

实例简介

粒子也是片头视频中应用比较广泛的元素。在本例中，我们首先利用After Effects自身的遮罩功能模拟标志逐渐复原的效果，然后利用Trapcode Particular插件制作标志复原过程中飘散的粒子效果，结果如图5-83所示。除此之外，利用图层混合模式、图层样式和内置效果模拟锈蚀金属标志的手法，也是需要读者重点理解的内容。

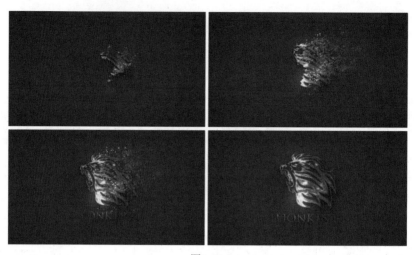

图5-83

素材文件：附赠素材/工程文件/5.5粒子飘散LOGO

教学视频：附赠素材/视频教学/5.5粒子飘散LOGO

5.5.1 制作金属LOGO

01 打开附赠素材中的【开始项目.aep】文件，按快捷键Ctrl＋N新建一个合成，设置合成名称为【REFLECT】，【持续时间】为0:00:10:00。在【项目】面板中按快捷键Ctrl＋D复制【LOGO】合成，然后将【LOGO 2】、【REFL】和【LOGO】合成拖曳到时间轴面板上。隐藏【LOGO 2】图层，在【REFL】图层的轨道遮罩下拉列表中选择【Alpha遮罩"LOGO"】，如图5-84所示。

02 切换到【LOGO 2】合成，然后复制一个【Logo.png】图层。选中复制的图层，执行【效果】菜单中的【生成/填充】命令，在【效果控件】面板中设置填充【颜色】为白色。继续执行【效果】菜单中的【遮罩/简单阻塞工具】命令，在【效果控件】面板中设置【阻塞遮罩】参数为6，如图5-85所示。

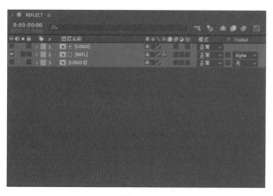

图5-84

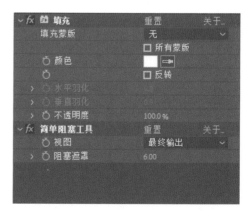

图5-85

03 切换到【REFLECT】合成，选中【REFL】图层，然后执行【效果】菜单中的【扭曲/CC Blobbylize】命令，在【效果控件】面板的【Blob Layer】下拉菜单中选择【3.LOGO2】，设置【Softness】参数为20，【Cut Away】参数为1。执行【效果】菜单中的【风格化/CC Glass】命令，在【效果控件】面板的【Bump Map】下拉列表中选择【3.LOGO2】，设置【Softness】参数为10，【Height】参数为30，【Displacement】参数为400，如图5-86所示。

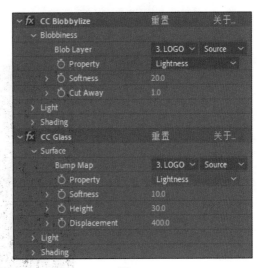

图5-86

04 执行【图层】菜单中的【图层样式/斜面和浮雕】命令，设置【大小】参数为2，【加亮颜色】为黑色，在【高亮模式】和【阴影模式】下拉列表中选择【正常】。依次将【项目】面板中的【Metal1.png】、【LOGO】、【Metal2.jpg】和【LOGO】拖曳到时间轴面板上，在【Metal1.png】和【Metal2.jpg】图层的轨道遮罩下拉列表中选择【Alpha遮罩"LOGO"】，如图5-87所示。

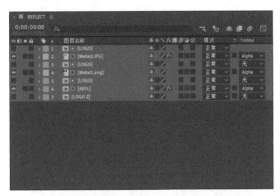

图5-87

05 设置【Metal2.jpg】图层的混合模式为【点光】，然后执行【效果】菜单中的【模糊和锐化/快速方框模糊】命令，在【效果控件】面板中设置【模糊半径】参数为1。展开【Metal1.png】图层的【变换】选项组，设置【不透明度】参数为60%。展开【Metal2.jpg】图层的【变换】选项组，设置【不透明度】参数为30%，如图5-88所示。

图5-88

5.5.2 制作LOGO复原效果

01 新建一个合成，设置合成名称为【MASK】。将【项目】面板中的【Reflect】合成拖曳到时间轴面板上。新建一个黑色的纯色图层，然后将其隐藏。激活工具栏上的【星形工具】★，在合成视图中创建一个星形，激活工具栏上的【转换顶点工具】◣，参照图5-89所示调整星形的形状和位置。

图5-89

02 展开【蒙版】选项组，设置【蒙版羽化】参数为（50，50）像素，【蒙版扩展】参数为-28像素并创建关键帧。将时间指示器拖曳到0:00:09:00，设置【蒙版扩展】参数为310像素。执行【效果】菜单中的【风格化/毛边】命令，在【效果控件】面板中设置【边界】参数为50，【边缘锐度】参数为1.5，如图5-90所示。

03 在【项目】面板中复制【MASK】合成，然后切换到【MASK2】合成。展开纯色图层的【蒙版】选项组，在第一帧的位置设置【蒙版扩展】参数为-38像素。切换到【MAIN】合成，在时间轴面板中拖入两个【MASK】合成。选中下层的【MASK】图层，执行【效果】菜单中的【生成/填充】命令，在【效果控件】面板中设置填充【颜色】为黑色，【不透明度】参数为75%。继续执行【效果】菜单中的【模糊和锐化/CC Radial Fast Blur】命令，在【效果控件】面板中设置【Center】参数为（960，200），【Amount】参数为85，如图5-91所示。

图5-90

图5-91

04 将【项目】面板中的【MASK】和【MASK2】合成拖曳到时间轴面板上，在【MASK】图层的轨道遮罩下拉列表中选择【Alpha反转遮罩"MASK2"】，设置图层混合模式为【叠加】，如图5-92所示。

05 执行【效果】菜单中的【颜色校正/色调】命令，在【效果控件】面板中设置【将颜色映射到】为#FD7B1C。继续执行【效果】菜单中的【风格化/发光】命令，在【效果控件】面板中设置【发光阈值】参数为100%，【发光半径】参数为20，如图5-93所示。

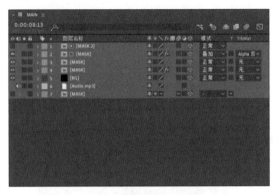

图5-92

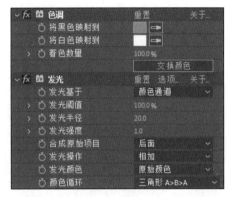

图5-93

5.5.3 制作飘散粒子

01 将【项目】面板中的【MASK】合成拖曳到时间轴面板的最底层，然后隐藏该图层并开启所有【MASK】图层的3D图层开关。新建一个纯色图层，设置图层名称为【PART】。执行【效果】菜单中的【RG Trapcode/Particular】命令，在【效果控件】面板中展开【Emitter】选项组，在【Emitter Type】下拉列表中选择【Layer】，在【Direction】下拉列表中选择【Directional】。展开【Layer Emitter】选项组，在【Layer】下拉列表中选择【10.MASK】，如图5-94所示。

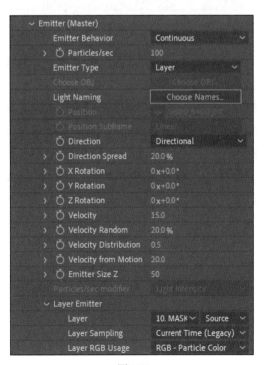

图5-94

After Effects CC案例设计与经典插件（视频教学版）

02 将时间指示器拖曳到0:00:04:00，设置【Particles/sec】参数为10000并创建关键帧；将时间指示器拖曳到0:00:06:00，设置【Particles/sec】参数为0。展开【Particle】选项组，设置【Life】参数为2，【Size】参数为2.5，【Size Random】参数为65%，在【Particle Type】下拉列表中选择【Cloudlet】，如图5-95所示。

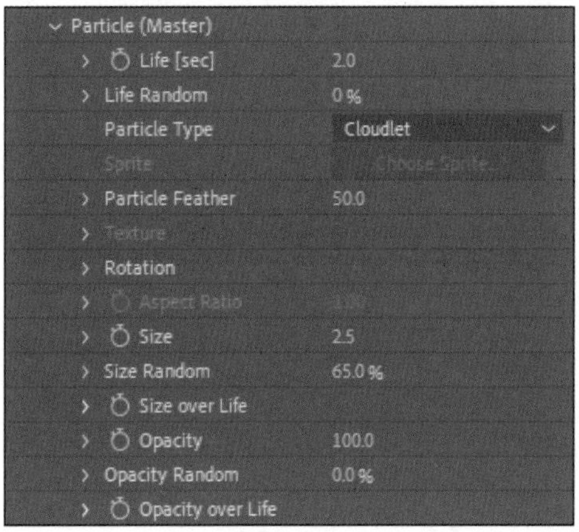

03 展开【Physics】选项组，设置【Physics Time Factor】参数为1.3，【Wind X】参数为75，【Wind Y】参数为－45。展开【Turbulence Field】选项组，设置【Affect Size】参数为3，【Affect Position】参数为155，如图5-96所示。执行【效果】菜单中的【Plugin Everything/Deep Glow】命令，在【效果控件】面板中设置【半径】参数为10，【曝光】参数为0.1。

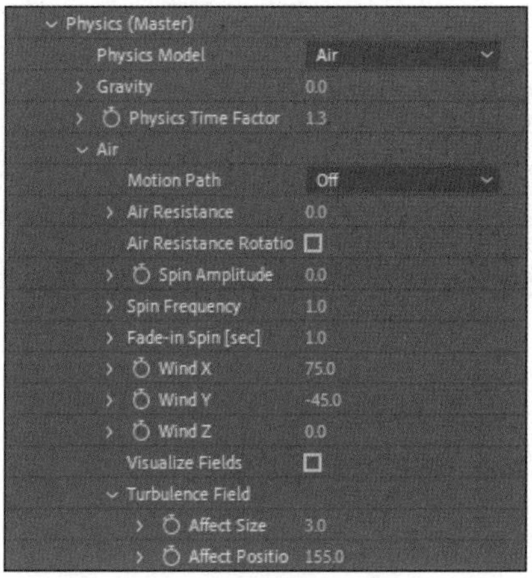

图5-95

图5-96

04 复制一个【PART】图层，然后开启两个图层的运动模糊开关。展开复制图层的【Emitter】选项组，将【Particles/sec】参数的第一个关键帧拖曳到0:00:04:17并设置参数为20000，将第二个关键帧拖曳到0:00:06:17。展开【Particle】选项组，设置【Life】参数为5，【Size】参数为1，【Size Random】参数为25。展开【Physics】选项组，设置【Physics Time Factor】参数为1.6，【Wind Y】参数为－30。展开【Turbulence Field】选项组，设置【Affect Position】参数为200，如图5-97所示。

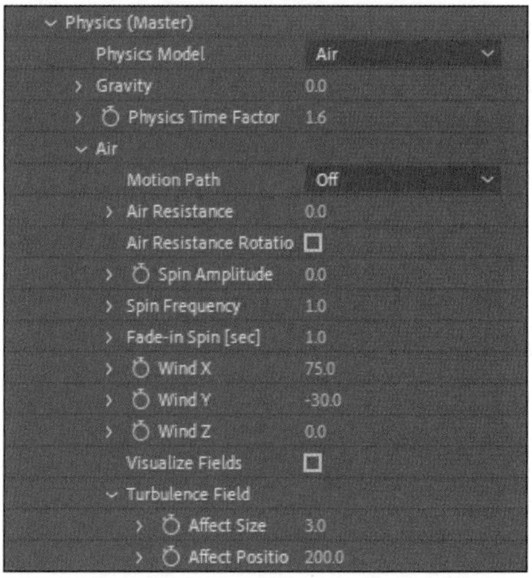

图5-97

05 展开【Deep Glow】效果的【色调】选项组，勾选【启用】复选框，设置【颜色】为#FF4E00。执行【效果】菜单中的【模糊和锐化/CC Vector Blur】命令，在【效果控件】面板的【Type】下拉列表中选择【Direction Fading】，设置【Amount】参数为10，如图5-98所示。

06 新建一个调整图层，然后执行【效果】菜单中的【颜色校正/Lumetri颜色】命令，在【效果控件】面板中展开【创意】选项组，在【Look】下拉列表中选择【SL CLEAN FUJI C】，设置【锐化】参数为15。展开【晕影】选项组，设置【数量】参数为−5，【羽化】参数为100，如图5-99所示。再次新建一个调整图层，执行【效果】菜单中的【风格化/发光】命令，在【效果控件】面板中设置【发光半径】参数为200，【发光强度】参数为0.5。

图5-98

图5-99

第**6**章

竖屏手机视频

随着移动互联网的普及和手机短视频的火爆，越来越多的人有了制作手机视频的需求。在应用商店中可以找到大量视频制作APP，这些应用大多采用的是套用模板的编辑方式，简单有余但创作余地不足，难以在茫茫的短视频海洋中突显出差异和独特的个性。After Effects拥有强大的视频处理能力，可以把创作者的每个想法都变成现实，到目前为止，它仍旧是高端视频制作特别是移动端商业宣传的不二选择。

本章我们将学习5个手机视频制作案例，内容涉及自媒体片头视频、手机端商业宣传视频和短短视频特效。制作手机视频不仅仅是改变画面纵横比那样简单，素材的选取、文字的排版等都要针对竖屏的特性和手机用户的观看习惯进行调整，具体思路将在后面的内容中结合案例进行讲解。

6.1 公众号推广视频

实例简介

经过近几年的发展，自媒体已经从爆发期逐渐过渡到成熟期，各大头部媒体在加码内容创作的同时，也越来越重视表达形式的多样化和自身形象的打造，各种音频、短视频和宣传视频所占的比重也越来越多。本例我们将制作一段自媒体推广视频，效果如图6-1所示。这段视频具有一定的趣味性且短小精悍，可以在不占用观众过多时间的前提下增加账号的曝光机会，并且通过二维码提供了订阅途径，特别适用于视频内容的片头或片尾。

图6-1

 素材文件：附赠素材/工程文件/6.1公众号推广视频

教学视频：附赠素材/视频教学/6.1公众号推广视频

6.1.1 制作搜索条动画

01 运行After Effects软件后按快捷键Ctrl＋N新建合成，设置合成名称为【MAIN】，【宽度】参数为1080px，【高度】参数为1920px，【持续时间】为0:00:10:00，如图6-2所示。按快捷键Ctrl＋I从附赠素材的footage文件夹中导入所有文件。

温馨提示：因为竖屏视频的特点是画面空间很容易被一两个主体填满，所以制作竖屏视频时特别要注意突出主体。同一时间内，画面中的主体对象最好只有一个。

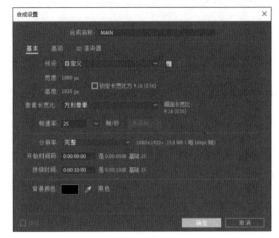

图6-2

02 依次将【项目】面板中的【Audio.mp3】和【BG.jpg】素材拖曳到时间轴面板上，然后新建一个形状图层，设置形状图层的入点为0:00:00:06，图层的出点为0:00:05:20。单击【内容】选项组右侧的【添加】按钮，在弹出的菜单中依次选择【矩形】和【填充】。展开【矩形路径】选项组，设置【位置】参数为（0，－180），【圆度】参数为80。展开【填充】选项组，设置【颜色】为白色，如图6-3所示。

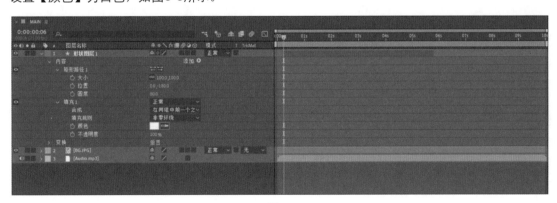

图6-3

03 将时间指示器拖曳到0:00:00:20，设置【大小】参数为（150，150）并单击时间变化秒表创建关键帧；将时间指示器拖曳到0:00:01:05，修改【大小】参数为（900，150）；将时间指示器拖曳到0:00:05:05，单击【大小】参数前方的◇按钮添加一个关键帧；将时间指示器拖曳到0:00:05:16，设置【大小】参数为（150，150），如图6-4所示。

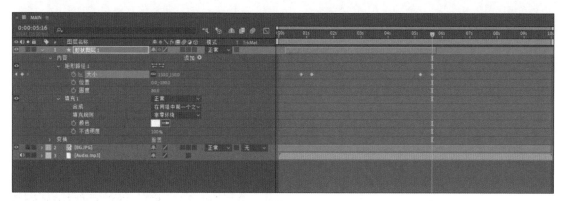

图6-4

04 再次新建一个合成，设置合成名称为【ICON】，【宽度】和【高度】参数为1000px，【持续时间】为0:00:05:20。在新建的合成中创建一个形状图层，单击【内容】选项组右侧的【添加】按钮，在弹出的菜单中依次选择【椭圆】和【描边】。展开【椭圆路径】选项组，设置【大小】参数为（760，760），【位置】参数为（−75，−75）。展开【描边】选项组，设置【描边宽度】参数为80，如图6-5所示。

05 再次创建一个形状图层，单击【内容】选项组右侧的【添加】按钮，在弹出的菜单中依次选择【矩形】和【描边】。展开【矩形路径】选项组，设置【大小】参数为（375，6），【圆度】参数为3。展开【描边】选项组，设置【描边宽度】参数为75。展开【变换】选项组，设置【位置】参数为（825，825），【旋转】参数为（0×＋45°），如图6-6所示。

图6-5

图6-6

06 切换到【MAIN】合成，将【ICON】合成拖曳到时间轴面板上。展开【变换】选项组，设置【缩放】参数为（40，40）%并单击时间变化秒表创建关键帧。将时间指示器拖曳到0:00:00:06，设置【缩放】参数为（9，9）%，如图6-7所示。

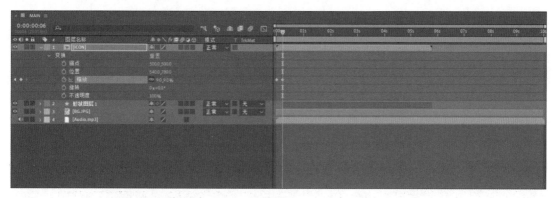

图6-7

07 将时间指示器拖曳到0:00:00:20，设置【位置】参数为（540，780）并创建关键帧；将时间指示器拖曳到0:00:01:05，设置【位置】参数为（905，780）；将时间指示器拖曳到0:00:05:05，单击◇按钮为【位置】参数添加一个关键帧；将时间指示器拖曳到0:00:05:16，设置【位置】参数为（540，780），如图6-8所示。

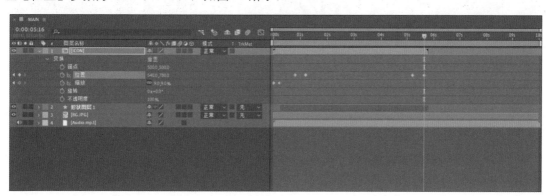

图6-8

08 执行【效果】菜单中的【生成/填充】命令，在【效果控件】面板中设置填充【颜色】为白色并创建关键帧。将时间指示器拖曳到0:00:00:05，单击◇按钮为【颜色】添加一个关键帧；将时间指示器拖曳到0:00:00:06，设置【颜色】为#AECFA8，如图6-9所示。

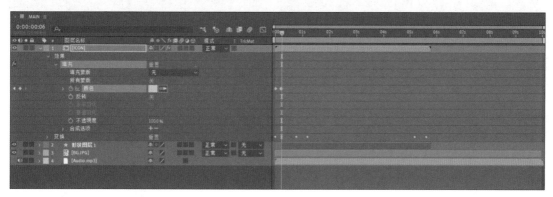

图6-9

6.1.2 制作文本和图形动画

01 新建一个文本图层，输入公众号的账号文本后设置字体为【阿里巴巴普惠体】，字体样式
为【Medium】，字体大小为72像素，字符间距为50，填充颜色为#616161。继续设置文本图
层的入点为0:00:01:16，图层的出点为0:00:05:20。展开【变换】选项组，设置【位置】参数为
（400，805），如图6-10所示。

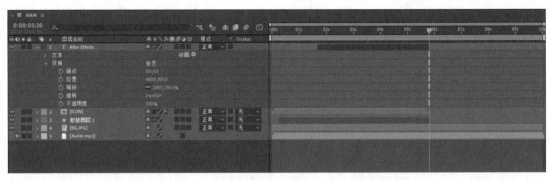

图6-10

02 展开【文本/源文件】选项组，按住Alt键单击【源文件】参数的时间变化秒表，然后输入以
下表达式模拟键盘打字和光标闪烁效果，如图6-11所示。

```
charPerSec=4;
prompt=[ " | " , " " ];
typePos=Math.round（time*charPerSec）;
i=Math.round（time%1）;
text.sourceText=substr（0, typePos）+prompt[i];
```

图6-11

03 单击【文本】右侧的【动画】按钮，在弹出的菜单中选择【不透明度】。展开【范围选择
器】选项组，设置【结束】和【不透明度】参数均为0。展开【高级】选项组，设置【平滑度】
参数为0。将时间指示器拖曳到0:00:05:05，为【起始】参数创建关键帧；将时间指示器拖曳到
0:00:05:12，设置【起始】参数为100%，如图6-12所示。

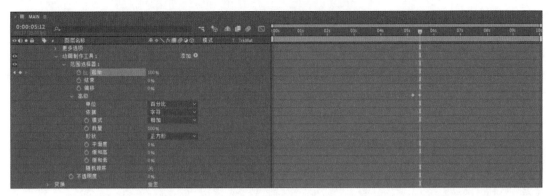

图6-12

04 再次新建一个合成，设置合成名称为【EXPLO】，【宽度】和【高度】参数为1000px，【持续时间】为0:00:01:00。在新建的合成中创建一个形状图层，单击【内容】选项组右侧的【添加】按钮，在弹出的菜单中依次选择【多边星形】和【描边】。展开【多边星形路径1】选项组，在【类型】下拉列表中选择【多边形】。设置【点】参数为3，【位置】参数为（-85，100），【旋转】参数为（0×-40°），【外径】参数为20，如图6-13所示。

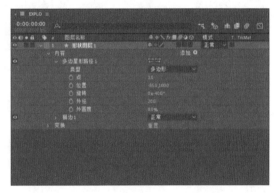

图6-13

05 展开【描边】选项组，设置【颜色】为#7967BF，【描边宽度】参数为3，并为【位置】、【旋转】、【外径】和【描边宽度】参数创建关键帧。将时间指示器拖曳到0:00:00:12，设置【位置】参数为（-315，335），【外径】参数为52，【描边宽度】参数为8。展开【变换】选项组，为【不透明度】参数创建关键帧。将时间指示器拖曳到0:00:00:20，设置【旋转】参数为（0×-105°），【描边宽度】参数为1，【不透明度】参数为0，如图6-14所示。

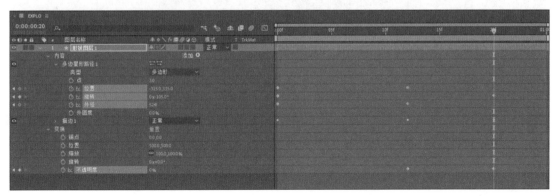

图6-14

06 STEP 复制一个形状图层，将【多边星形路径】删除。单击【内容】选项组右侧的【添加】按钮，在弹出的菜单中选择【椭圆】。展开【椭圆路径】选项组，设置【大小】参数为（34，34），【位置】参数为（165，40），并为这两个参数创建关键帧。将时间指示器拖曳到0:00:00:12，设置【大小】参数为（82，82），【位置】参数为（402，106）。展开【描边】选项组，设置【颜色】为#F7DD6F，如图6-15所示。

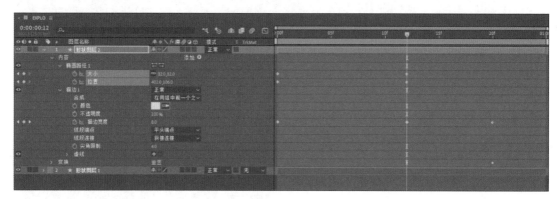

图6-15

07 STEP 再次复制形状图层，将【椭圆路径】删除。单击【内容】选项组右侧的【添加】按钮，在弹出的菜单中选择【矩形】，设置【大小】参数为（26，26），【位置】参数为（－10，－150）并创建关键帧。将时间指示器拖曳到0:00:00:12，设置【大小】参数为（65，65），【位置】参数为（－12，－390）。展开【描边】选项组，设置【颜色】为#F67D85，如图6-16所示。

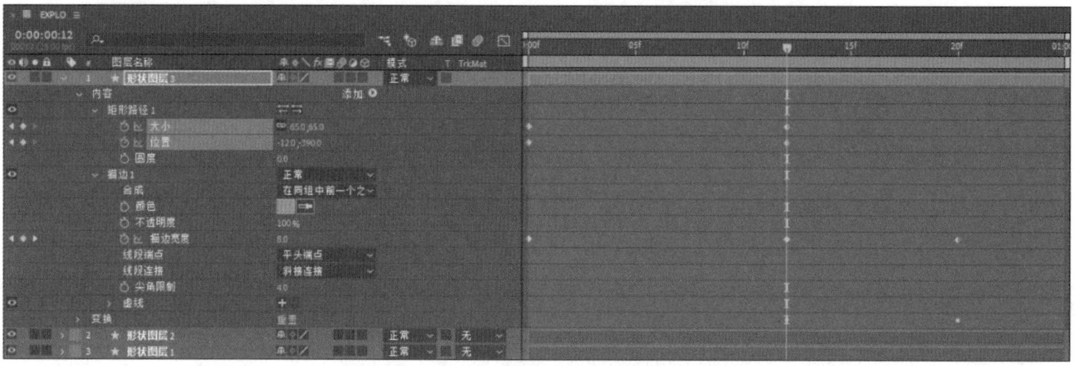

图6-16

08 STEP 新建一个形状图层，按快捷键G激活【钢笔工具】，按住Shift键绘制一条垂直路径。展开【形状/描边】选项组，在【线段端点】下拉列表中选择【圆头端点】。将时间指示器拖曳到0:00:00:12，设置【描边宽度】为3并创建关键帧；将时间指示器拖曳到0:00:00:20，设置【描边宽度】为1，如图6-17所示。

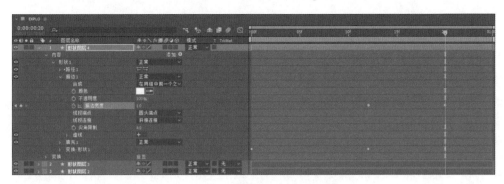

图6-17

09 单击【内容】选项组右侧的【添加】按钮，选择【中继器】。展开【中继器】和【变换：中继器】选项组，设置【位置】参数为（0，0），【旋转】参数为（0×＋120°）。展开【变换：形状1】选项组，设置【旋转】参数为（0×－6°），【比例】参数为（80，80）并创建关键帧。将时间指示器拖曳到0:00:00:12，设置【比例】参数为（190，190），设置【不透明度】参数为75并创建关键帧；将时间指示器拖曳到0:00:00:20，设置【不透明度】参数为0，如图6-18所示。

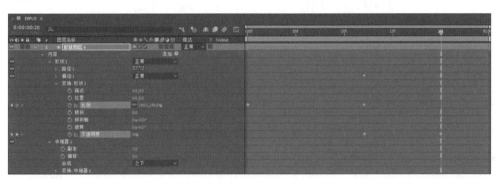

图6-18

10 单击【内容】选项组右侧的【添加】按钮，在弹出的菜单中选择【修剪路径】。展开【修剪路径】选项组，为【开始】参数创建关键帧。将时间指示器拖曳到0:00:00:12，设置【开始】参数为50，设置【结束】参数为0并创建关键帧；将时间指示器拖曳到0:00:00:20，设置【结束】参数为50，如图6-19所示。

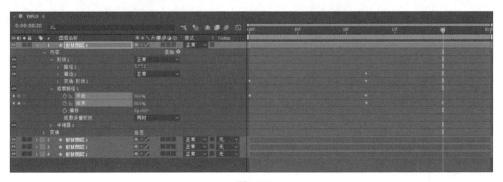

图6-19

11 返回到【MAIN】合成，将两个【EXPLO】合成拖曳到时间轴面板上，设置第一个【EXPLO】图层的入点为0:00:00:03，第二个【EXPLO】图层的入点为0:00:05:14。分别展开两个图层的【变换】选项组，设置【位置】参数为（540，780），如图6-20所示。

图6-20

6.1.3 制作转场和片尾动画

01 在【MAIN】合成中新建一个形状图层，然后单击【内容】选项组右侧的【添加】按钮，在弹出的菜单中依次选择【矩形】和【描边】。展开【矩形路径】选项组，设置【大小】参数为（2500，0）。展开【描边】选项组，在【线段端点】下拉列表中选择【圆头端点】，设置【颜色】为#EBEBEB。将时间指示器拖曳到0:00:05:18，设置【描边宽度】参数为100并创建关键帧；将时间指示器拖曳到0:00:07:00，设置【描边宽度】参数为700，如图6-21所示。

图6-21

02 单击【内容】选项组右侧的【添加】按钮，在弹出的菜单中依次选择【扭转】和【修剪路径】。展开【扭转】选项组，设置【角度】参数为1200。展开【修剪路径】选项组，设置【开始】和【结束】参数为均为25。将时间指示器拖曳到0:00:05:18，为【开始】参数创建关键帧；将时间指示器拖曳到0:00:07:00，设置【开始】参数为50，如图6-22所示。展开【变换】选项组，设置【位置】参数为（540，780）。

图6-22

03 再次创建一个形状图层，设置图层的入点为0:00:06:08。单击【内容】选项组右侧的【添加】按钮，在弹出的菜单中依次选择【矩形】、【描边】和【修剪路径】。展开【矩形路径】选项组，设置【大小】参数为（850，0），【圆度】参数为1。展开【描边】选项组，在【线段端点】下拉列表中选择【圆头端点】，设置【颜色】为#AECFA8，【描边宽度】参数为10，如图6-23所示。

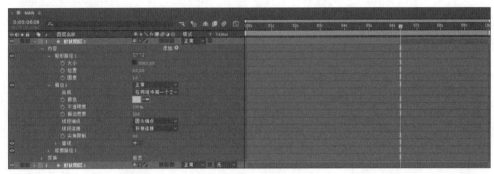

图6-23

04 展开【修剪路径】选项组，将时间指示器拖曳到0:00:06:12，为【开始】参数创建关键帧，然后设置【结束】参数为0。将时间指示器拖曳到0:00:07:00，设置【开始】参数为100。继续展开【变换】选项组，设置【位置】参数为（540，1080），【旋转】参数为（0×+180°），如图6-24所示。

图6-24

05 将【项目】面板中的【Solids/QRcode.png】拖曳到时间轴
面板上，设置图层的入点为0:00:06:08。按快捷键Ctrl＋Shift＋N
新建蒙版，将时间指示器拖曳到0:00:06:12，展开【蒙版】选项
组，为【蒙版路径】参数创建关键帧。单击【形状】按钮，在
打开的对话框中设置【顶部】参数为－2400像素，【底部】参
数为－312像素，【左侧】参数为－580像素，【右侧】参数为
1580像素，如图6-25所示。

图6-25

06 将时间指示器拖曳到0:00:07:12，单击【形状】按钮，在打开的对话框中修改【顶部】
参数为－1005像素，【底部】参数为1080像素。展开【变换】选项组，设置【缩放】参数为
（50，50）%。将时间指示器拖曳到0:00:06:12，设置【位置】参数为（540，1450）并创建关
键帧；将时间指示器拖曳到0:00:07:12，设置【位置】参数为（540，752），如图6-26所示。

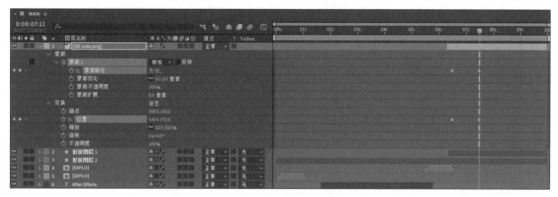

图6-26

07 新建一个文本图层，输入宣传文本后设置字体大小为60像
素，字符间距为100。设置文本图层的入点为0:00:06:08，展开
【变换】选项组，设置【位置】参数为（210，1210）。按快
捷键Ctrl＋Shift＋N新建蒙版，展开【蒙版】选项组，勾选【反
转】复选框并单击【形状】按钮。在打开的对话框中设置【顶
部】参数为－390像素，【底部】参数为－95像素，【左侧】
参数为－210像素，【右侧】参数为870像素，如图6-27所示。

图6-27

08 单击【文本】选项组右侧的【动画】按钮，在弹出的菜单中选择【位置】。展开【范围选
择器】选项组，设置【位置】参数为（0，－150）。展开【高级】选项组，在【依据】下拉列
表中选择【行】。将时间指示器拖曳到0:00:06:12，为【起始】参数创建关键帧；将时间指示器
拖曳到0:00:07:12，设置【起始】参数为100%，如图6-28所示。

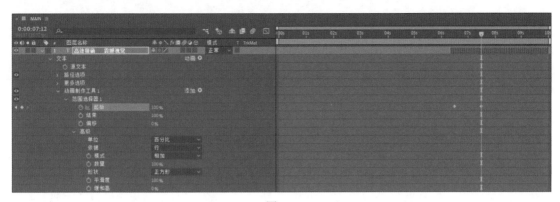

图6-28

6.2 重踏快闪片头

实例简介

在移动互联网的环境下，人们的时间被切割开，于是满足用户碎片化资讯获取需求的短视频成为内容运营的新风口。本例要制作的是竖屏快闪视频，如图6-29所示。这种"快阅读"的视频形式动感明快，可以在极短的时间内传递丰富的信息，很受年轻观众的喜爱。制作快闪视频的关键点是画面的运动和切换要与音乐节奏紧密契合，既不能一味地追求画面特效，也不能过于频繁的闪屏，以免造成观众的视觉疲劳。

图6-29

素材文件：附赠素材/工程文件/6.2重踏快闪片头

教学视频：附赠素材/视频教学/6.2重踏快闪片头

6.2.1 制作图片滑动动画

01 STEP 打开附赠素材中的【开始项目.aep】文件，按快捷键Ctrl＋N新建一个合成，设置合成名称为【PLA1】，【宽度】参数为1080px，【高度】参数为1920px，【持续时间】为0:00:01:12。将【项目】面板中的【PHOTO/PHOTO1】合成拖曳到时间轴面板上，执行【效果】菜单中的【风格化/动态拼贴】命令，在【效果控件】面板中设置【输出宽度】参数为350，【输出高度】参数为150，如图6-30所示。展开【变换】选项组，设置【位置】参数为（－540，960）并创建关键帧。将时间指示器拖曳到0:00:00:10，设置【位置】参数为（540，960）。

02 STEP 按快捷键Ctrl＋D复制【PHOTO1】图层，展开复制图层的【变换】选项组，将【位置】参数第一个关键帧的数值修改为（1620，540）。按快捷键Ctrl＋Shift＋N新建蒙版，展开【蒙版/蒙版1】选项组，单击【形状】按钮，在【效果控件】面板中设置【顶部】参数为550像素，【底部】参数为1370像素，如图6-31所示。

图6-31

03 STEP 再次新建一个合成，设置合成名称为【SOMAIC1】，【持续时间】为0:00:01:12。将【项目】面板中的【PHOTO/PHOTO1】合成拖曳到时间轴面板上，然后执行【效果】菜单中的【模糊和锐化/快速方框模糊】命令，在【效果控件】面板中设置【模糊半径】参数为100，勾选【重复边缘像素】复选框。继续执行【效果】菜单中的【颜色校正/自动色阶】命令，如图6-32所示。

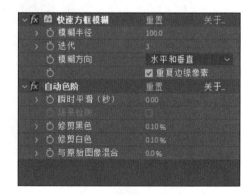

图6-32

04 新建一个调整图层，执行【效果】菜单中的【风格化/马赛克】命令，在【效果控件】面板中设置【水平块】参数为4，【垂直块】参数为7，勾选【锐化颜色】复选框。切换到【PLA1】合成，将【SOMAIC1】合成拖曳到时间轴面板上，然后隐藏该图层，如图6-33所示。

图6-33

05 新建一个调整图层，执行【效果】菜单中的【扭曲/置换图】命令，在【效果控件】面板的【置换图层】下拉列表中选择【2.SOMAIC1】，在【用于水平置换】下拉列表中选择【色相】，在【用于垂直置换】下拉列表中选择【红色】，设置【最大垂直置换】参数为0，勾选【像素回绕】复选框，如图6-34所示。

图6-34

06 将时间指示器拖曳到0:00:00:15，设置【最大水平置换】参数为300并创建关键帧。将时间指示器拖曳到0:00:01:00，设置【最大水平置换】参数为0，如图6-35所示。

图6-35

6.2.2 添加文本和替换素材

01 新建一个文本图层，输入标题后设置字体为【阿里巴巴普惠体】，字体样式为【Regular】，字体大小为120像素，字符间距为200。开启两个【PHOTO1】图层和文本图层的【运动模糊】开关，在文本图层的【父级】下拉列表中选择【5.PHOTO1】。展开【变换】选项组，设置【位置】参数为（267.5，1002.5），如图6-36所示。

图6-36

02 单击【文本】选项组右侧的【动画】按钮，在弹出的菜单中选择【行锚点】。单击【动画制作工具】右侧的【添加】按钮，在弹出的菜单中选择【属性/字符间距】。将时间指示器拖曳到0:00:00:15，设置【字符间距大小】参数为80；将时间指示器拖曳到0:00:01:00，设置【字符间距大小】参数为20，如图6-37所示。

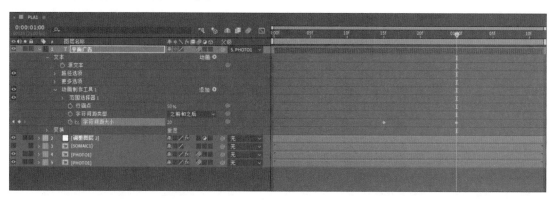

图6-37

03 在【项目】面板中新建一个文件夹，将【SOMAIC】合成拖曳到文件夹中，然后复制10个合成。打开复制的合成，在时间轴面板中选取【PHOTO】图层，将【项目】面板中对应序号的【PHOTO】合成拖曳到选中的图层上进行替换。继续在【项目】面板中复制5个【PLA】合成，打开复制的合成，替换对应序号的【SOMAIC】和【PHOTO】图层并修改标题文本，如图6-38所示。

04 分别打开【PLA2】【PLA4】和【PLA6】合成，展开第一个【PHOTO2】图层的【变换】选项组，修改第一个关键帧的【位置】参数为（−540，960）。展开第二个【PHOTO2】图层的【变换】选项组，修改第一个关键帧的【位置】参数为（1620，960），如图6-39所示。

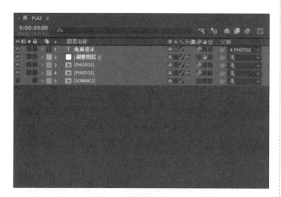

图6-38

图6-39

6.2.3 制作片尾动画

01 在【项目】面板中复制【PLA6】合成后
双击【PLA7】合成，将文本图层以外的其他
图层删除，然后将【PHOTO7】合成拖曳到时
间轴面板上，如图6-40所示。双击文本图层，
修改文本内容并居中对齐，然后设置字体大小
为180像素，字符间距为400。

图6-40

02 展开【文本/范围选择器】选项组，将【字符间距大小】参数的第一个关键帧拖曳到
0:00:00:00并设置数值为140。将第二个关键帧拖曳到0:00:00:10，设置【字符间距大小】参数
为50。将时间指示器拖曳到0:00:01:10，设置【字符间距大小】参数为30，如图6-41所示。

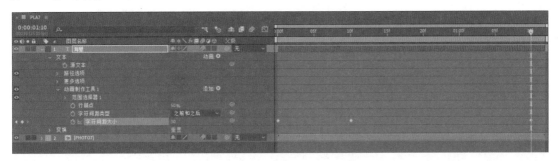

图6-41

03 展开【PHOTO7】图层的【变换】选项组，为【缩放】参数创建关键帧。将时间指示器拖
曳到0:00:00:10，设置【缩放】参数为（120，120）。将时间指示器拖曳到0:00:01:10，设置
【缩放】参数为（130，130），如图6-42所示。

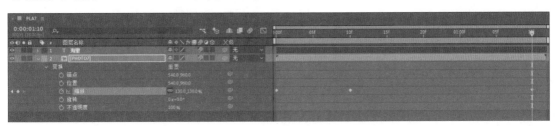

图6-42

04 在【项目】面板中复制4个【PLA7】合成，然后逐个打开复制的合成，替换标题内容和对
应序号的【PHOTO】图层。切换到【PLA11】合成，将文本图层的【动画制作工具】删除。展
开【变换】选项组，设置【缩放】参数为（500，500）并创建关键帧。将时间指示器拖曳到
0:00:00:06，设置【缩放】参数为（100，100）。展开【PHOTO11】图层的【变换】选项组，
设置【缩放】参数第一个关键帧的数值为（500，500），将第二个关键帧拖曳到0:00:00:06，
修改数值为（100，100），然后将第三个关键帧删除，如图6-43所示。

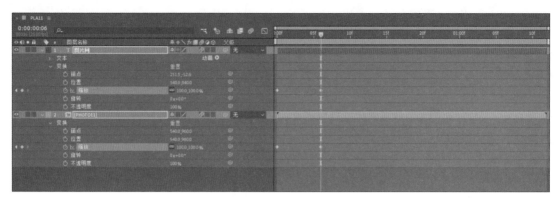

图6-43

05 新建一个文本图层并输入网址文本，然后设置字体大小为72像素，字符间距为100。展开
【变换】选项组，将时间指示器拖曳到0:00:00:08，设置【不透明度】参数为0并创建关键帧；
将时间指示器拖曳到0:00:01:05，设置【不透明度】参数为100%，如图6-44所示。

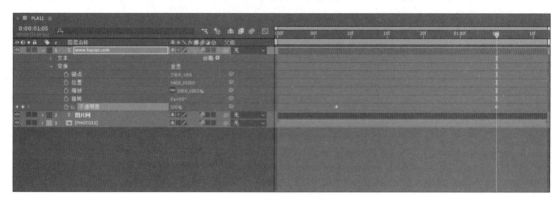

图6-44

06 切换到【MAIN】合成，将所有【PLA】合成拖曳到时间轴面板上。选中【PLA1】图层并按
住Shift键单击【PLA11】图层，在图层名称上单击鼠标右键，在弹出的快捷菜单中选择【关键帧
辅助/序列图层】，在打开的对话框中直接单击【确定】按钮排列时间轴，如图6-45所示。

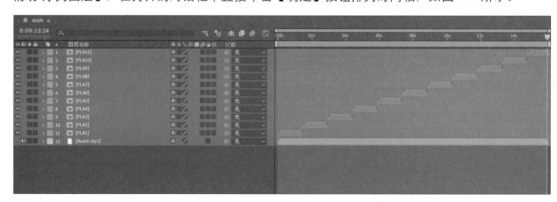

图6-45

07 修改【PLA7】图层的入点为0:00:08:20，【PLA8】图层的入点为0:00:09:15，【PLA9】
图层的入点为0:00:10:10，【PLA10】图层的入点为0:00:11:05，【PLA11】图层的入点为
0:00:12:13，按住Alt键将【PLA11】图层的出点设置为最后一帧，如图6-46所示。

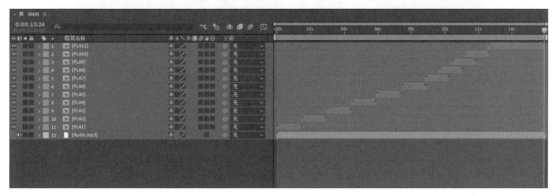

图6-46

08 新建一个调整图层，执行【效果】菜单中
的【颜色校正/Lumetri颜色】命令，在【效果
控件】面板中展开【晕影】选项组，设置【数
量】参数为−5，【中点】参数为75，【羽
化】参数为100，如图6-47所示。

图6-47

6.3 文字翻转字幕

实例简介

几年前，一段名为"倒鸭子"的视频在网络上广为传播，除了搞笑的对白以外，视频中
的文字翻转字幕也给人们带来耳目一新的感觉。直至现在，"倒鸭子"字幕依然是抖音、快手
等短视频平台中的常客，如图6-48所示。文字翻转字幕的原理无非是文字和摄像机动画，但
是如果全部使用内置程序制作，实际操作起来就会非常烦琐。本例中，我们将使用一款名为
TypeMonkey的脚本，利用这个脚本几分钟即可完成所有的制作过程。

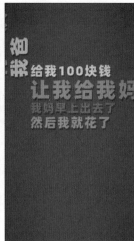

图6-48

素材文件：附赠素材/工程文件/6.3文字翻转字幕

教学视频：附赠素材/视频教学/6.3文字翻转字幕

6.3.1 制作文字翻转字幕

01 运行After Effects软件后按快捷键Ctrl＋N新建合成，设置合成名称为【MAIN】，【宽度】参数为1080px，【高度】参数为1920px，【持续时间】为0:00:13:00。切换到【高级】选项卡，设置【快门角度】参数为360°，【每帧样本】参数为32，如图6-49所示。

02 按快捷键Ctrl＋I从附赠素材的footage文件夹中导入所有文件，然后将【Audio.mp3】拖曳到时间轴面板上。新建一个纯色图层，将纯色图层命名为【BG】并设置颜色为#4E5055。执行【窗口】菜单中的【TypeMonkey.jsxbin】命令，打开脚本设置窗口，在文本框中输入台词文本，如图6-50所示。

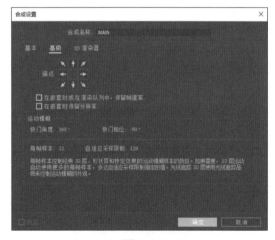

图6-49

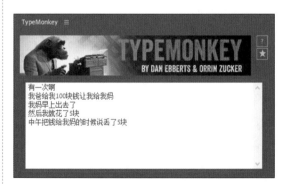

图6-50

03 在台词文本之间输入空格可以另起一行显示字幕；在文字之间输入^符号，可以让字幕在符号所处的位置产生翻转动画；利用"["和"]"符号框住一段文字，并且在文字之间输入空格，框选范围内的文字会逐段放大显示，如图6-51所示。

04 设置【Minimum】参数为110，【Spacing】参数为30。在【Color Palette】选项组中设置字幕的颜色，或者单击【K】按钮加载Abode Color调色方案。在【Speed】下拉列表中选择【Medium】，勾选【Motion Blur】复选框，单击【DOIT！】按钮生成字幕，如图6-52所示。

图6-51

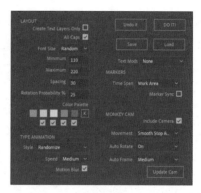

图6-52

05 在【Movement】下拉列表中将摄像机运动方式设置为【Linear Stop&Go】，然后单击【Update Cam】按钮更新。在时间轴面板上开启运动模糊开关，展开【Audio.mp3】图层的【音频/波形】选项组，参照波形拖曳【TM Master Control】图层上的标记，将文本出现的时间与波形对位，如图6-53所示。

图6-53

06 如果需要更新文本内容，可以在脚本设置窗口中单击【Undo it】按钮，在弹出的对话框中单击【Yes】按钮保存对位好的标记图层。在文本框中修改台词，然后勾选【Marker Sync】复选框，单击【DOIT！】按钮重新生成字幕，如图6-54所示。

图6-54

6.3.2 添加阴影和文字动画

01 显示出隐藏图层并取消对所有文本图层的锁定。按住Alt键选中所有文本图层，然后执行【图层】菜单中的【图层样式/投影】命令，设置【不透明度】参数为30%，【距离】参数为15，【大小】参数为0，如图6-55所示。

02 选中后缀带（ctrl）的纯色图层，在合成视图中拖曳文本边框的角点，调整字幕的大小。在文本边框内部拖曳可以调整文本的位置和文本之间的距离，如图6-56所示。

图6-55

图6-56

03 展开最后一个文本图层的【文本】选项组，单击【动画】按钮，在弹出的菜单中选择【行锚点】。单击【动画制作工具】右侧的【添加】按钮，在弹出的菜单中选择【属性/缩放】，设置【缩放】参数为（120，120）%。展开【范围选择器】选项组，将时间指示器拖曳到0:00:11:00，设置【偏移】参数为－100并创建关键帧；将时间指示器拖曳到0:00:11:14，设置【偏移】参数为100%，如图6-57所示。

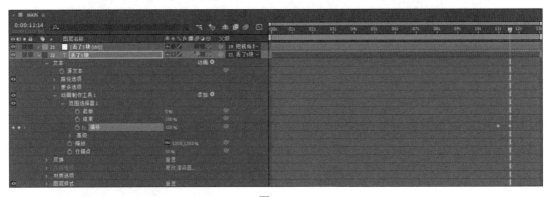

图6-57

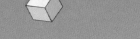

04 新建一个调整图层，执行【效果】菜单中的【颜色校正/Lumetri颜色】命令，在【效果控件】面板中展开【基本校正】选项组，设置【色温】参数为30。展开【创意】选项组，在【Look】下拉列表中选择【SL BIGH DR】，设置【淡化胶片】参数为30，【锐化】参数为10。展开【晕影】选项组，设置【数量】参数为－3，【中点】参数为80，【羽化】参数为100，如图6-58所示。

图6-58

05 继续执行【效果】菜单中的【杂色和颗粒/添加颗粒】命令，在【效果控件】面板的【查看模式】下拉列表中选择【最终输出】，在【预设】下拉列表中选择【Kodak SFX 200T】，设置【强度】参数为0.3，如图6-59所示。

图6-59

6.4 动态文字云视频

实例简介

文字云就是由很多文字或字符堆叠在一起，利用错位排布的方式组成的图案，极具个性和设计感。本例我们将利用一款叫作Word Cloud的脚本制作文字云动画，这款脚本不但可以生成任意形状的文字云图案，为文字云图案制作关键帧动画，还能在文字云图案之间产生汇聚变形效果，如图6-60所示。

图6-60

素材文件：附赠素材/工程文件/6.4动态文字云视频

教学视频：附赠素材/视频教学/6.4动态文字云视频

6.4.1 生成文字云效果

01 运行After Effects软件后按快捷键Ctrl＋N新建合成，设置合成名称为【MAIN】，【宽度】参数为1080px，【高度】参数为1920px，【持续时间】为0:00:09:00。按快捷键Ctrl＋I从附赠素材的footage文件夹中导入所有文件，然后将【Audio.mp3】和【Effects.mp3】拖曳到时间轴面板上。继续新建一个纯色图层，设置图层名称为【BG】，如图6-61所示。

图6-61

03 执行【窗口】菜单中的【扩展/Word Cloud】命令，打开脚本的设置窗口，单击下方的★按钮，在弹出的对话框中可以编辑组成文字云的文本内容。需要注意的是，该脚本虽然支持输入中文，但是无法应用中文字体。继续单击脚本设置窗口中的✎按钮，在弹出的窗口中选择圆形图形，如图6-63所示。

图6-63

02 执行【效果】菜单中的【生成/梯度渐变】命令，在【效果控件】面板中设置【起始颜色】为#E0E0E0，【结束颜色】为#AAAAAA，【渐变起点】参数为（540，960），【渐变终点】参数为（2500，960），如图6-62所示。

图6-62

04 单击脚本设置窗口下方中心的按钮选择配色方案和字体，单击✿按钮可以随机重新排列文本。将时间指示器拖曳到0:00:01:06，单击下方的☁ ➜ ▦按钮创建文本图层并生成文字云，如图6-64所示。

图6-64

05 在脚本设置窗口中单击✎按钮，将图形切换为字母A，继续单击⤭按钮将图形的填充方式设置为随机。将时间指示器拖曳到0:00:02:12，单击☁ ➜ ▦按钮生成新的图形。将时间指示器拖曳到0:00:03:20，切换为字母E并生成图形。重复前面的操作，在0:00:05:07的位置插入飞鸟图形，在0:00:07:00的位置插入火箭图形，如图6-65所示。

图6-65

6.4.2 设置文字云动画

01 选中文本图层，设置【Duration】参数为
1.5。展开【ReFill】选项组，在【ReFill by】
下拉列表中选中【Size】，设置第二个【End
Opacity】参数为60%，如图6-66所示。在时
间轴面板中展开【效果】选项组，将时间指示
器拖曳到0:00:03:19，为【Duration】参数创
建关键帧；将时间指示器拖曳到0:00:03:20，
设置【Duration】参数为2。

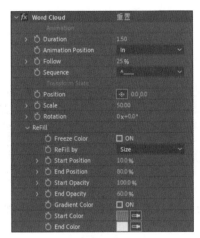

图6-66

02 展开【变换】选项组，将时间指示器拖曳到0:00:00:20，设置【位置】参数为（540，−500）
并创建关键帧。将时间指示器拖曳到0:00:01:06，设置【位置】参数为（540，1200）；将
时间指示器拖曳到0:00:01:17，设置【位置】参数为（540，960）；将时间指示器拖曳到
0:00:08:00，为【位置】参数插入一个关键帧；将时间指示器拖曳到0:00:08:10，设置【位置】
参数为（540，−700），如图6-67所示。

图6-67

03 选中所有关键帧，按快捷键F9将关键帧插值设置为贝塞尔曲线。将时间指示器拖曳到
0:00:07:05，为【旋转】参数创建关键帧；将时间指示器拖曳到0:00:07:15，设置【旋转】参数
为（0×−45），如图6-68所示。

171

图6-68

04 将【项目】面板中的【Texture.jpg】文件拖曳到时间轴面板上，设置图层混合模式为【相乘】。展开【变换】选项组，设置【缩放】参数为（110，110）%，【不透明度】参数为35%。将时间指示器拖曳到0:00:01:09，为【位置】参数创建关键帧，继续在0:00:01:18、0:00:08:00和0:00:08:10的位置插入关键帧，如图6-69所示。

图6-69

05 按住Shift键选中前两个关键帧，然后执行【窗口】菜单中的【摇摆器】命令，在【摇摆器】面板的【杂色类型】下拉列表中选择【成锯齿状】，设置【频率】参数为10，【数量级】参数为25，单击【应用】按钮。选中后两个关键帧，重复同样的操作，在【摇摆器】面板中设置【频率】参数为5，【数量级】参数为15，单击【应用】按钮，如图6-70所示。

06 新建一个调整图层，执行【效果】菜单中的【模糊和锐化/锐化】命令，在【效果控件】面板中设置【锐化量】参数为10。执行【效果】菜单中的【颜色校正/照片滤镜】命令，在【效果控件】面板的【滤镜】下拉列表中选择【暖色滤镜（85）】，设置【密度】参数为5%。继续执行【效果】菜单中的【颜色校正/亮度和对比度】命令，在【效果控件】面板中设置【对比度】参数为40，如图6-71所示。

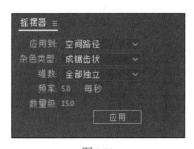

图6-70

图6-71

6.5 放大镜开场动画

实例简介

本例我们将制作通过放大镜查看LOGO的视频，这段视频趣味感十足，既可作为商家的宣传视频，也可以作为标志开场动画，如图6-72所示。本例的制作难点有两个：一是如何通过多种效果的组合模拟透镜边缘的折射变形效果；二是制作放大镜的运动轨迹动画。

图6-72

素材文件：附赠素材/工程文件/6.5放大镜开场动画

教学视频：附赠素材/视频教学/6.5放大镜开场动画

6.5.1 制作路径动画

01 运行After Effects软件后按快捷键Ctrl＋N新建合成，设置合成名称为【MAIN】，【宽度】参数为1080px，【高度】参数为1920px，【持续时间】为0:00:12:00，如图6-73所示。按快捷键Ctrl＋I从附赠素材的footage文件夹中导入所有文件。

图6-73

02 再次创建一个合成，设置合成名称为【BG】。新建一个纯色图层，设置纯色图层的颜色为#CFCFCF。将【项目】面板中的【01.jpg】图像拖曳到时间轴面板上，展开【变换】选项组，设置【缩放】参数为（37，37）%，【位置】参数为（800，1640）。将【项目】面板中的【02.jpg】图像拖曳到时间轴面板上，展开【变换】选项组，设置【缩放】参数为（37，37）%，【位置】参数为（280，890），如图6-74所示。

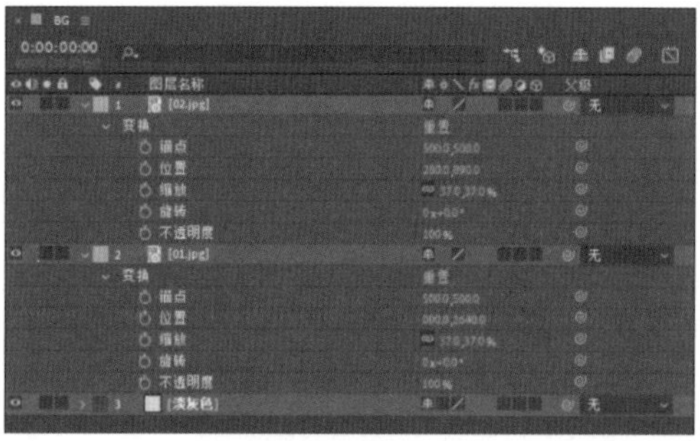

03 新建一个文本图层并输入文字，然后设置字体为【阿里巴巴普惠体】，在【段落】面板中单击【居中对齐文本】按钮。再次创建两个文本图层并输入标题文字，分别设置对齐方式为左对齐和右对齐，如图6-75所示。

图6-75

图6-74

04 切换到【MAIN】合成，将【项目】面板中的【Audio.mp3】、【BG】合成和【magnifier.png】图像拖曳到时间轴面板上。设置【magnifier.png】图层的混合模式为【变暗】，展开【magnifier.png】图层的【变换】选项组，设置【缩放】参数为（55，55）%，如图6-76所示。按快捷键Y激活【向后平移工具】，将锚点放置到放大镜玻璃的中心位置。

图6-76

05 展开【BG】图层的【变换】选项组，将时间指示器拖曳到0:00:04:00，设置【位置】参数为（540，625）并创建关键帧；将时间指示器拖曳到0:00:04:20，设置【位置】参数为（540，1180）；将时间指示器拖曳到0:00:08:00并插入一个关键帧；将时间指示器拖曳到0:00:08:20，设置【位置】参数为（540，1680），如图6-77所示。

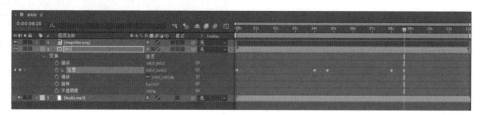

图6-77

06 按快捷键G激活【钢笔工具】，在合成视图中绘制如图6-78所示的线段。展开【内容】选项组，将【填充】和【描边】选项删除。展开【路径1】选项组，选中【路径】项目后按快捷键Ctrl＋C复制路径。展开【magnifier.png】图层的【变换】选项组，选中【位置】项目后按快捷键Ctrl＋V粘贴路径。

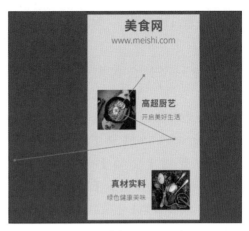

图6-78

07 将第二个关键帧拖曳到0:00:00:20并调整【位置】参数，让放大镜对准下方的图像。将第三个关键帧拖曳到0:00:04:20，让放大镜对准上方的图像。将第四个关键帧拖曳到0:00:08:20，让放大镜对准网址文本。将时间指示器拖曳到0:00:04:00，插入一个关键帧并将【位置】参数调整为与第二个关键帧相同的数值。将时间指示器拖曳到0:00:08:00，插入一个关键帧并将【位置】参数调整为与第四个关键帧相同的数值，如图6-79所示。

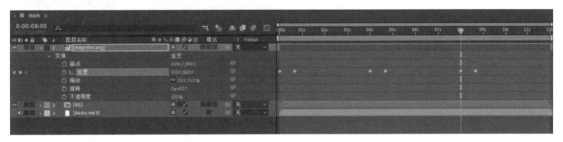

图6-79

08 分别在0:00:02:10、0:00:06:10、0:00:10:10和最后一帧的位置创建关键帧，然后调整【位置】参数，让放大镜产生左右运动的效果。激活工具栏上的【转换顶点工具】，在合成视图中调整路径的角点，让放大镜的运动变得平滑，如图6-80所示。

图6-80

6.5.2 制作透镜效果

01 新建一个纯色图层，设置颜色值为#CFCFCF。将【项目】面板中的【alphamagnifier.png】拖曳到时间轴面板上。展开【magnifier.png】和【alphamagnifier.png】图层的【变换】选项组，按照【magnifier.png】图层的【锚点】参数设置【alphamagnifier.png】图层的【锚点】和【位置】数值。在纯色图层的轨道遮罩下拉列表中选择【Alpha反转遮罩】，在【alphamagnifier.png】图层的【父级】下拉列表中选择【4.magnifier.png】，如图6-81所示。

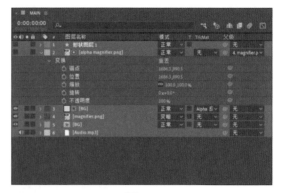

图6-81

02 选中【alphamagnifier.png】图层，然后执行【效果】菜单中的【遮罩/简单阻塞工具】命令，在【效果控件】面板中设置【阻塞遮罩】参数为88。将【magnifier.png】图层拖曳到【alphamagnifier.png】图层的上方，然后新建一个调整图层，并将其拖曳到两个【BG】图层之间，如图6-82所示。

图6-82

03 选中调整图层，然后执行【效果】菜单中的【扭曲/CC Lens】命令，在【效果控件】面板中设置【Size】和【Convergence】参数均为41。在时间轴面板中展开【效果/CC Lens】选项组，按住Alt键的同时单击【Center】参数的时间变化秒表，输入下列表达式，结果如图6-83所示。

```
thisComp.layer("magnifier.png").transform.position
```

图6-83

04 新建一个合成，设置合成名称为【BLUR】，【宽度】和【高度】参数均为100px，【背景颜色】为白色。新建一个形状图层，单击【内容】选项组右侧的【添加】按钮，在弹出的菜单中依次选择【椭圆】和【描边】。展开【椭圆路径】选项组，设置【大小】参数为（500，500）。展开【描边】选项组，设置【颜色】为红色，【描边宽度】参数为60，如图6-84所示。执行【效果】菜单中的【模糊和锐化/摄像机镜头模糊】命令，在【效果控件】面板中设置【模糊半径】参数为60。

图6-84

05 返回到【MAIN】合成，将【项目】面板中的【BLUR】合成拖曳到调整图层的上方，在【父级】下拉列表中选择【2.magnifier.png】。展开【变换】选项组，设置【缩放】参数为（285，285）%，调整【位置】参数，让红色圆环与放大镜对齐，如图6-85所示。

图6-85

06 开启【BLUR】图层的调整图层开关，然后执行【效果】菜单中的【模糊和锐化/摄像机镜头模糊】命令，在【效果控件】面板中设置【模糊半径】参数为10。执行【效果】菜单中的【Plugin Everything/Deep Glow】命令，在【效果控件】面板中设置【半径】参数为1，【曝光】参数为0.5。展开【色差】选项组，勾选【启用】复选框，在【通道】下拉列表中选择【红绿】，设置【数量】参数为0.5，如图6-86所示。

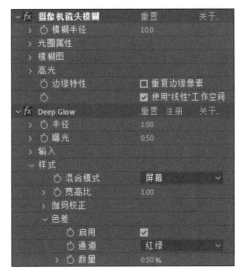

图6-86

07 新建一个调整图层，执行【效果】菜单中的【颜色校正/Lumetri颜色】命令，在【效果控件】面板中展开【创意】选项组，在【Look】下拉列表中选择【SL CROSS HDR】，设置【强度】参数为50。在【调整】选项组中设置【锐化】参数为15。展开【晕影】选项组，设置【数量】参数为−3，【中点】参数为80，【羽化】参数为100，如图6-87所示。按快捷键Ctrl+D复制【BG】纯色图层，然后将复制的图层拖曳到音频图层上方完成实例的制作。

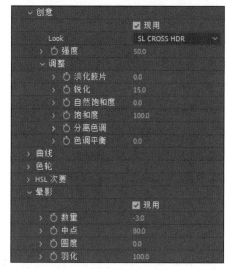

图6-87

After
Effects CC

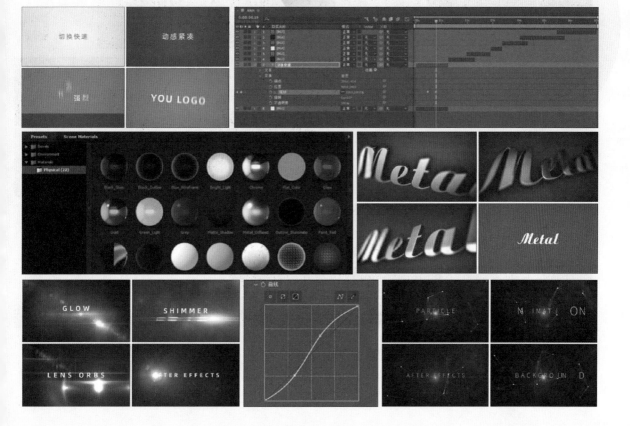

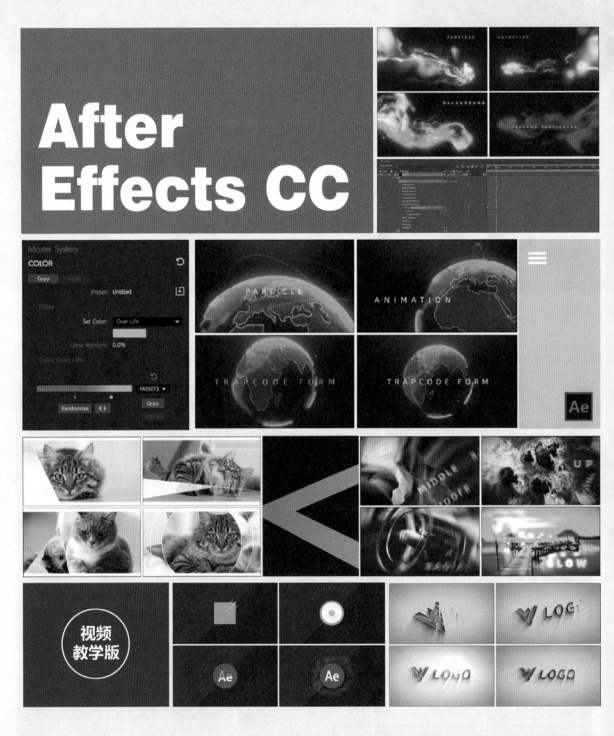

After Effects CC

精心挑选30个大型案例，讲解After Effects的各项功能